保罗·鲁道夫设计作品集（上）

保罗·鲁道夫设计作品集（上）

佛罗里达小住宅

[美] 克里斯托弗·多明 著
　　 约瑟夫·金
　　 邢成敏　冯铁宏　译
　　 冯铁宏　校

中国建筑工业出版社

著作权登记图字：01-2003-2727号

图书在版编目（CIP）数据

保罗·鲁道夫设计作品集（上）佛罗里达小住宅/（美）多明，（美）金著；邢成敏，冯铁宏译.—北京：中国建筑工业出版社，2005
 ISBN 978-7-112-07438-9

Ⅰ.保… Ⅱ.①多…②金…③邢…④冯… Ⅲ.建筑设计-作品集-美国-现代 Ⅳ.TU206

中国版本图书馆CIP数据核字（2005）第050182号

Copyright © 2002 Princeton Architectural Press
Chinese translation copyright © 2005 by China Architecture & Building Press
First published in the United States by Princeton Architectural Press
Paul Rudolph/The Florida Houses/Christopher Domin and Joseph King
All right reserved

本书由美国普林斯顿出版社正式授权我社在中国翻译、出版、发行本书中文版

责任编辑：戚琳琳　姚丹宁
责任设计：刘向阳
责任校对：李志立　张　虹

保罗·鲁道夫设计作品集（上）
佛罗里达小住宅
［美］克里斯托弗·多明　著
　　　约瑟夫·金
邢成敏　冯铁宏　译
冯铁宏　校
*
中国建筑工业出版社出版、发行(北京西郊百万庄)
各地新华书店、建筑书店经销
伊诺丽杰设计室制版
北京中科印刷有限公司印刷
*
开本：850×1168毫米　1/16　印张：15¼　字数：380千字
2006年1月第一版　2008年1月第二次印刷
定价：48.00元
 ISBN 978-7-112-07438-9
　　　 （13392）

版权所有　翻印必究
如有印装质量问题，可寄本社退换
（邮政编码100037）

目 录

- 7 序言
- 9 说明
- 13 引言
  罗伯特·布汝格曼，*教授*
  芝加哥伊利诺伊大学艺术历史系

特威切尔和鲁道夫
约瑟夫·金
- 22 评论
- 55 住宅

独立的建筑实践
克里斯托弗·多明
- 120 评论
- 149 住宅

佛罗里达的公共建筑
克里斯托弗·多明与约瑟夫·金
- 213 简介
- 214 工作室的建筑作品
- 235 保罗·鲁道夫，观点七

- 238 合作者名单
- 239 参考文献
- 243 图片致谢

建筑项目名称列表

特威切尔和鲁道夫的合作项目

1941 年	56	特威切尔住宅
1946 年	58	亚历山大·哈卡维住宅
	59	米勒船屋
	60	德曼住宅
1947 年	62	古尔住宅
	63	米勒住宅
	66	舒特住宅
	67	拉塞尔住宅
	70	芬尼客居住宅
1948 年	74	赛格瑞斯特住宅
	76	里维尔住宅
	80	兰蒙里斯克住宅
	82	迪德斯住宅
	85	里维尔住宅的扩展部分
1949 年	86	伯纳特住宅
	90	米勒客居住宅
	92	班尼特住宅
1950 年	94	希利客居住宅
	99	克尔住宅
	100	奇塔姆游泳池
	101	沃森住宅
	102	利汶固德住宅
1951 年	106	哈斯肯斯住宅
	108	曼赫勒曼住宅
	109	诺特住宅
	112	罗宾住宅
	113	沃尔克住宅
	114	科沃德住宅
	117	韦兰住宅

独立的建筑实践

1952 年	150	胡克住宅
	153	海伍德公寓
	154	沃尔克住宅
1953 年	156	戴维斯住宅
	158	伞屋
	162	斯特劳德与博伊德的扩展部分
	164	伯纳住宅
	166	戴维斯住宅
	168	威尔逊住宅
	170	伯吉斯住宅
	171	科恩住宅
1954 年	177	亚历克斯·米勒住宅
1955 年	178	泰勒住宅
	179	大瀑布城家庭式中心住宅
	180	斯汀纳特住宅
	181	比格斯住宅
1956 年	184	弗莱彻住宅
	185	伯克哈德特住宅
	188	迪灵住宅
1957 年	194	马丁·哈坎末住宅
1958 年	198	李哥特住宅
1959 年	200	米兰姆住宅
1960 年	206	戴斯勒住宅
1962 年	208	博斯科维克住宅

佛罗里达的公共建筑

1947 年	214	斯坦梅茨工作室
	216	娱乐中心
1950 年	217	亭阁
1952 年	218	三趾鹬海滨俱乐部
	220	漂浮岛
	222	SAE 联谊俱乐部
1954 年	224	塔斯汀·弗雷茨住宅
1955 年	225	萨拉索塔——布兰登特机场
1956 年	226	东纳特展台
	227	公共海滩扩展项目
	228	布兰姆兰特公司大厦
	229	圣卜尼法斯主教教堂
1957 年	230	瑞翁中学
1958 年	232	萨拉索塔中学
1960 年	234	湖区游艇和乡村俱乐部

序 言

皮安托斯·C·福特（Peatross C.Ford）

保罗·鲁道夫的设计作品对20世纪后半期的建筑风格已经产生了深远的影响，但是这些作品潜在的、更为深远的影响却刚刚被发现。新一代的学生和建筑历史学家们从他的设计作品中获得灵感，重新发现其作品中蕴含的意义；与此同时，对保罗·鲁道夫在学术上的贡献重新评估的活动也在悄悄地进行着。鲁道夫先生的学术遗产和在素描领域中作出的额外贡献，代表了他的全部建筑事业生涯。在州立图书馆和国立图书馆的建筑过程中，鲁道夫先生参与了设计、施工的每一项具体工作；另外鲁道夫先生还积极支持建筑中心的筹建工作。这些事实都可以用来评价鲁道夫先生的贡献，在对他所做的工作有所了解的前提下还可以更加深入的认识他的设计作品以及他在设计领域的杰出贡献。

彼得·布莱克（Peter Blake）住宅和斯比利·莫霍·内奇（Sibyl Moholy-Nagy）住宅是鲁道夫早期作品中的范例，也是鲁道夫作品中的杰作。但是随后几年中，鲁道夫跟随后现代主义大张旗鼓式建筑风格的做法，以及他不愿意在压力之下改善自己作品的观点致使在20世纪70年代到80年代之间，他在建筑领域的声誉渐渐的走向衰落。在1997年纽约时代杂志刊登他的讣闻的文章中，赫伯特·马斯肯（Herbert Muschamp）用以下的文字评论鲁道夫声誉的恢复："美国建筑专业的学生们还太小，并不知道鲁道夫在20世纪60年代的辉煌；所以在近几年中，他们仿佛重新发现了鲁道夫先生的价值，并把他视为罕有具有诚实品格的建筑学家的典范。在1993年，在纽约Coopwe-Hewitt博物馆的一次演讲中，在只能站立听讲的演讲厅中，挤满的听众中大部分是年轻学生，他迷住了所有的听众，似乎他是从一个久已消逝的黄金年代走出来的人物。"

保罗·鲁道夫在其佛罗里达州的作品中体现了更大的影响力。这一阶段因其对建筑的新方法和建筑的实验性方法持开放态度、因其在综合考虑到建筑材料静态和动态使用可能性的前提下，他尽可能在材料的结构扩展方面作出了很多努力；在挖掘和发展空间丰富性与复杂性上，他也表现出了非凡的能力；在挖掘和发展内部空间和外部空间的相互关系方面，他十分出色；而在处理建筑物的地理位置与周边自然环境及所处区域的气候之间关系方面，他因能力出众而引人注目。鲁道夫在现代建筑和地方建筑方面的领悟能力得到了E·沃尔特·博克哈德特（E.Walter Burkardt）的鼓励，在其指导之下，他在阿拉巴马州理工学院（现在的奥本大学）学习建筑专业。而且博克哈德特向沃尔特·格罗皮乌斯（Walter Gropius）推荐了鲁道夫，这一行动促成了鲁道夫与哈佛大学设计研究院的接触。在20世纪30年代，作为阿拉巴马州的地区官员，博克哈德特曾经在美国建筑测绘工作的历史中扮演着最有热情的指导者的角色；现在，他所搜集的资料在州立图书馆中也经常被查阅，这些资料包括超过30万幅测量素描、照片以及其他相关的在线文献。在这里将博克哈德特和鲁道夫的贡献并列列出是件很令人愉快的事情。

《佛罗里达小住宅》这本书向大众重新展现并相应地扩展了大胆革新并且造型雅致的佛罗里达律筑的风貌和知识。佛罗里达住宅建筑吸引了国际建筑出版业的注意，并且催生了一项具有高度创造力、生产力和影响力的事业，这项事业在超过半个世纪的漫长时间内扩散、发展。我们是第一家在1997年鲁道夫的大量建筑文献被州立图书馆收藏后获得这些文献使用权的出版社。这些文献提供了大量潜在的信息，能够帮助我们对鲁道夫的作品进行更深入的理解，并因此可以更准确地评价他对现代主义建筑的贡献。在研究鲁道夫建筑作品的过程中，图书馆的员工们与本书作者在鉴定鲁道夫佛罗里达住宅建筑素描图的合作中感觉十分愉快。尽管这其中的一部分素描图在20世纪的建筑展览和建筑素描展览中已经定期和公众见面了，但是还有一部分是早先被认定已经丢失了，或者在这之前从未被查阅过的素描图。我们合作探索和发现这些素描图的工作经常令人振奋，并且为在这本书中第一次将之印刷出版带来了曙光。

就是在佛罗里达，鲁道夫在大胆应用轮廓鲜明的新技术方面有了长足的进展，这种变革改变了未来建筑出版业的面貌。作为州立图书馆建筑馆的馆长，25年来，我享有使用原始素描图和使用绘制图片的权利，在使用这些珍贵材料的过程中，我的心情十分愉快，并从中学到了很多新的知识。这些素描图包括从毕别纳（Bibiena）和皮拉内西（Piranesi）到拉特罗布·B·亨利（B.Henry Latrobe）、查尔斯·布尔芬奇（Charles Bulfinch）、理查德·厄普约翰（Richard Upjohn）、詹姆士·兰威克（James Renwick）、卡斯·吉尔伯特（Cass Gilbert）、弗兰克·劳埃德·赖特（Frank Lloyd Wright），以及路德维希·密斯·凡·德·罗（Ludwig Mies van der Rohe）。除了赖特，我从未发现过别人的素描图能够像鲁道夫的素描图那样，能够从始至终地保持着珍贵、富有激励的特征，每一张都完成得很好，画面优美。鲁道夫的素描图传递着他对智慧无尽的好奇心和他具有的优秀的空间想像能力，用句菲利普·约翰逊的话说，他的素描图传递的是他"头脑的速度"。他的头脑具有这样的能力：他能够迅捷地阐明澄清其他媒介很难弄懂的复杂问题；他能够发展和解释复杂的思想，并在三维立体空间的创造过程中有所建树；他能够很好的处理好光影之间的关系、拥挤的空间和空旷的空间之间的对比关系，处理好形式和结构之间的互相作用的关系，以及对模型和几何学进行发展。总的来讲，他的素描图是经验、思想和各种可能性的集合，它们可以与后来者对话，并且激励着后来者的新发展。

作为一名建筑师和一名教师，保罗·鲁道夫对图书馆馆藏的质量和广度十分惊叹。尤其是他十分高兴地看到图书馆在馆藏文献提供在线查找方面所作的努力，这样无论在世界哪个地方都可以迅捷免费地得到相关信息了。在很受欢迎的图书馆主页（www.loc.gov）上，他登陆查阅了五百万份文献，而这一操作是在平均每天进行三百万个操作的基础上进行的，这使得他有机会观察到图书电子馆的成功之处。在电子网络发展潜力的激励下，他不仅将自己的文献捐献了出来，还尽自己最大所能提供帮助，使得更广阔范围内的上百万的素描、照片、图片、书籍和手写文献能够被更大范围内的学生或建筑师、教授，以及所有可能用得着这些资料的人们获得。

按照保罗·鲁道夫的愿望，1997年在州立图书馆设立了保罗·鲁道夫奖。设立该奖项的目的是为了支持和发展州立图书馆建筑、设计和工程中心。该中心的使命不仅是在主题领域中对数量巨大、资源广阔的馆藏进行保存，更提供了贴近公众的渠道，并向公众传达相关的知识。鲁道夫真诚希望会有更多的人加入他的行列，为这项事业作出贡献。因此州立图书馆很高兴以鲁道夫的名义接受纪念物的赠送，并且发展鲁道夫未完成的事业。

说 明

追溯在佛罗里达州西海岸沿岸大批量建造住宅的那个时期，空调设备得到了很大范围的应用。佛罗里达西海岸因其丰富的物产得到了快速的发展。现在，对于保罗·鲁道夫在其中所起的作用和他的立场这一问题，在我们的眼中有着不同的、甚至是相反的评价。我们各自独立地通过自己的办法在佐治亚州技术学院里寻找当年的课程计划，这一工作是在吉斯皮·赞姆波尼尼（Guiseppe Zambonini）主持下进行的。在他的指点下，加之萨拉索塔对20世纪中期现代主义发展的杰出贡献激发了我们浓厚的兴趣，我们继续完成我们的工作，在保罗·鲁道夫作为教育家和设计者的职业生涯中，耗时很久地搜寻由保罗·鲁道夫设计的建筑作品，并且还找到了很多他在佛罗里达州的工作伙伴。在坚毅不拔的意志力和长期研究方案的鼓励下，逐步形成了这本书的框架。

关于保罗·鲁道夫设计作品的讨论开始于他为耶鲁大学设计的艺术和建筑大楼，这一作品完成于喧嚣的20世纪60年代末期。但是保罗·鲁道夫作品中公共建筑的设计和在教育工作中作出的贡献却构成了他复杂的职业生涯中第二位重要的章节。在佛罗里达州历时20年的早期设计作品过程中，为保罗·鲁道夫形成多层次的建筑设计方法论奠定了不可或缺的基础。在佛罗里达州建筑实践中形成的设计方法论在鲁道夫一生的建筑实践中不停地完善发展着。这些建筑作品的图片在当年发表在不同的地方，在美国中世纪现代主义发展中扮演着重要的角色。遗憾的是，由于缺少相关调查所需的基金，也由于没有办法再找到早期的一些期刊，因此并没有遗留下关于现代主义发展历史鲜明有效的纪录。

研究和试图理解保罗·鲁道夫在佛罗里达州住宅作品是一项逐步进行的工作，我们在大范围的文章和各种各样的书本摘录片断中寻找相关的信息。很显然，将保罗·鲁道夫在佛罗里达州的建筑作品在更大的情景下构架的工作是一项在未来价值难以估量的工作。本书也许会唤醒公众对保罗·鲁道夫早期作品的兴趣，无论是在普通的建筑讨论还是在历史保护方面，都会如此。

本书将保罗·鲁道夫在佛罗里达州当地的建筑作品作为关注焦点，这样就在研究范围上有了一定控制。这部分研究工作也因其自身的价值而占据十分重要的位置。这本书包括两个既相互独立又相互联系的部分：与特威切尔（Twitchell）合作设计的项目和保罗·鲁道夫自己的建筑实践。两部分中的每一部分又进行了划分：每一个探索性的短评之后紧跟着一个独立的案例分析，这些案例都是按照时间顺序记载的。最后是保罗·鲁道夫公共建筑作品的介绍。

鲁道夫在佛罗里达州的住宅作品使之进入了艰难的建筑职业生涯，鲁道夫在后来充满向往的回忆这些早期作品时说到那些作品是"沙地上的框架"，这或许有助于我们理解这些亲切、表达清晰却又看上去反复无常的建筑物。但是，当把这些建筑作品归为一组分析时，它们就是受美国现代主义影响的地方主义在建筑领域的表现。

如果没有格雷厄姆高雅艺术研究基金会持续不断的赞助，这本书将不可能完成。

新墨西哥大学建筑设计学院的杰克逊基金会为该项目的完成提供了额外的财政支援。

另外，作者还要对以下各位表示谢意：州立图书馆（那里存有鲁道夫的相关资料）建筑、设计和工艺馆馆长皮安托斯·C·福特，他在几年里通过各种途径与作者合作研究工作，其中包括和助理馆长马瑞希亚·贝特（Maricia Battle）一道在图书馆藏中寻找确认那些并不存在的佛罗里达州素描图。作者希望这本书能够对这些历史资料的编目工作和保存提供一些帮助和支持。州立图书馆影印服务部门极其负责任地为历史图片的重新印刷提供了高质量的服务。特别感谢伊娃·施德（Eva Shade）、弗雷德里克·普拉莫（Frederick Plummer）、黛博拉·埃文斯（Deborah Evans）。

埃斯通（Esto）摄影公司为这本书作出了格外的贡献，它在过去很多年中保存和恢复了很多记载鲁道夫建筑作品的照片。埃斯通团队的组织技能和优秀的暗房技术使得本书中的图片拥有良好的视觉效果。另外还要感谢艾瑞卡·斯东勒（Erica Stoller），她将本项研究置于她的名义下并为之提供了便利。感谢以斯拉·斯托勒（Ezra Stoller）提供了精美的照片。相当数量的住宅建筑已经被毁坏了，只有以斯拉·斯东勒的照片将之永远地记录了下来，在他的照片中，那些建筑作品在佛罗里达州明媚的阳光之下依旧新鲜明晰。

萨拉索塔历史资料室为本项研究提供了难以估算的帮助。洛丽·马乐东尼（Lorrie Muldowney）、大卫·巴伯尔（David Baber）、安·山克（Ann Shank）、马克·史密斯（Mark Smith）、苏珊·怀特（Susan White）、夏洛特·罗伯茨（Charlotte Roberts），他们在历史研究方面为作者的工作提供了专业知识的帮助。档案室和电子信息网络对作者开放，使得本书的内容得到了更大的补充。

还要感谢佛罗里达高雅艺术图书馆、新墨西哥大学高雅艺术图书馆、哥伦比亚大学艾弗里图书馆、建筑历史协会和现代艺术博物馆。

我们还要感谢在佛罗里达州住宅建造过程中与鲁道夫合作过的建筑师们，他们十分慷慨地与作者分享过去的回忆，并且从第一手资料出发，提供了极富洞察力的观点和看法。感谢：伯特·布朗斯密斯（Bert Brosmith）、珍·利迪（Gene Leedy）、杰克·韦斯特（Jack West）、蒂姆·赛伯特（Tim Seibert）、马克·汉普顿（Mark Hampton）、威廉·摩根（William Morgan）、威廉·瑞普（William Rupp）及怀尔德·格林（Wilder Green）。

作者还要感谢同事们在建筑和历史知识上的帮助，我们和他们展开对保罗·鲁道夫作品的讨论。他们包括：蒂莫·茹韩（Tim Rohan）、约翰·豪威（John Howey）、迈克尔·苏肯（Michael Sorkin）、罗纳德·吕考克（Ronald Lewcock）、罗伯特·麦卡特（Robert McCarter）、菲利普·约翰逊（Philip Johnson）、克里斯多佛·米德（Christopher Mead）、约瑟夫·罗莎（Joseph Rosa）、迈克尔·韦伯（Michael Webb）、迈克尔·麦肯东纳夫（Michael McDonough）、卡尔·艾博特（Carl Abbott）、威尔逊·斯蒂厄斯（Wilson Stiles）、厄恩斯特·瓦格纳（Ernst Wagner）、诺埃尔·威廉（Noel Wiliams）、迈克尔·欧东纳（Michael O'Donnell）、班尔特·王（Belton Wall）、卡特·奎纳（Carter Quina）、马克·罗德（Mark Rohde）、东·梅（Don May）、大卫·凯勒（David Keller）、吉姆·麦克纳马拉（Jim McNamara）、斯蒂芬·斯瑞博（Stephen Schreiber）、迈克尔·皮兰特（Michel Pillet）、朱迪思·罗勒（Judith Rohrer）、詹姆士·迪（James Deen）、克里斯·威尔逊（Chris Wilson）、彼得·里德（Peter Reed）、皮埃尔·阿德勒（Pierre Adler）、珍妮特·派克斯（Janet Parks）、亚历山大·乔治（Alexandre Georges）、大卫·玛格林（David Margolin）、阿尔文·戎森伯姆（Alvin Rosenbaum）。

在进行研究的这几年里，许多住宅的主人十分慷慨，将他们住宅的大门向作者敞开，在这里要特别感谢以下诸位的好客之情：保拉·特威切尔（Paula Twitchell）、罗斯·范·蒂尔伯格（Ross Van Tilborg）、雷切尔·范·蒂尔伯格（Rachel Van Tilborg）、沃尔特·沃克（Walt Walker）博士、亚瑟·巴尔莫斯德·米兰姆（Arthur de Balmaseda Milam）、特里萨·巴尔莫斯德·米兰姆（Teresa de Balmaseda Milam）、霍普·皮州（Hope Petrone）、约瑟夫·佩特龙（Joseph Petrone）、狄克·海曼（Dick Hyman）、朱莉娅·海曼（Julia Hyman）、加里·斯托弗（Gary Stover）、卡罗尔·斯托弗（Carol Stover）、马克·埃默里（Mark Emery）、厄斯金·科覃内（Erskine Courtenay）、维吉尼亚·科覃内（Virginia Courtenay）、大卫·科恩（David Cohen）、安妮讷·科恩（Eleene Cohen）、罗伯特·斯迪南特（Robert Stinnett）、大卫·马金托什（David Macrae）、爱德华·科恩（Edward Cohen）、贝茜·科恩（Betsy Cohen）。

  感谢在萨拉索塔基及在其他地方对中世纪阶段感兴趣的人们，尤其是那些对特威切尔和鲁道夫感兴趣的人们，他们对本书的支持弥足珍贵。他们中包括雪莉·希斯（Shirley Hiss）、约翰·特威切尔（John Twitchell）、约翰·迈克尔（John Michel）、苏·迈克尔（Sue Michel）、菲利斯·拉塞尔·沃德（Phyllis Russell Ward）、玛丽·墨菲（Marie Murphy）、东·查半勒（Don Chapell）、希瑟·查半勒（Heather Chapell）、詹姆士·斯特劳德（James Stroud）、罗伯特·沃森（Robert Watson）、玛丽·加朗（Mary Gallant）、博比·班纳特（Bobby Bennett）、海伦·巴里（Helen Barry）、理查德·凯特斯（Richard Cates）、乔治·舒特（George Shute）、桃乐茜·舒特（Dorothy Shute）、乔纳森·舒特（Jonathan Shute）、鲍勃·甘汝特（Bob Garrott）、莎拉·米勒（Sarah Miller）、马丁·李伯曼（Martie Lieberman）、德克·凡·提耳伯格（Dirk Van Tilborg）、米歇尔·凡·提耳伯格（Michele Van Tilborg）、南希·东曼尼克（Nancy Domenici）、皮特·东曼尼克（Pete Domenici）、阿尔伯特·阿以莎（Albert Ayers）、安妮特·阿以莎（Annette Ayers）。

  约瑟夫·金感谢他的父母和罗伯特·金、苏珊·金在他从事研究工作过程中给予他的爱和鼓励。还要感谢马蒂·别克玛（Marti Beukema）、迈克·别克玛（Mike Beukema）、本·金（Ben King）、谢尔比·金（Shelby King）、大卫·安妮·克兰门特（David Anne Klement）、乔·安妮·克兰门特（Jo Anne Klement）对这项研究工作在精神上的支持。当然还要感谢亲爱的爱玛。

  克里斯托弗·多明还要感谢威廉·多明（William Domin）和罗斯玛丽·多明（Rosemary Domin）的支持与指导。

  普林斯顿建筑出版社早就看到了该项目中蕴含的力量，以及对建筑领域研究课题作出贡献的潜力，那时作者正在为该项目的顺利实现寻求基金的支持，并且还没有开始写作本书。感谢他们给予我们的信任。通过精美的设计和印刷，普林斯顿建筑出版社公正地表达了建筑师的才能和技巧。感谢普林斯顿建筑出版社的成员们，尤其感谢凯文·利普斯（Kevin Lippert）、克莱尔·杰克伯逊（Clare Jacobson）、詹尼弗·汤普森（Jennifer Thompson）、埃文·舍恩宁格（Evan Schoninger）、安·奥特尔（Ann Alter）在工作中作出的贡献。

  作者还要感谢罗伯特·布汝格曼（Robert Bruegmann）以专家的身份为研究工作提供的观点和指导，感谢他在本书写作过程中对内容的审核，并感谢他为本书撰写简介部分。

  十分感谢格雷格·霍尔（Greg Hall）在协助收集整理编年目录、历史文献和历史图片中作出的贡献。

克里斯托弗·多明
约瑟夫·金

引 言

罗伯特·布汝格曼（Robert Bruegmann）

在以斯拉·斯托勒（Ezra Stoller）技巧高超的照片中，希利客居住宅（还被称为蚕茧小屋）正好位于路易斯海湾的边缘。在这座住宅结构的内部，从通道向外看到外面的景色，这个通道可以在照片（p12）的极右端看到，在通道内有一对很轻的金属椅子和一张桌子，正好隐藏在玻璃前墙的阴影之中。在这张照片的前方，一块甲板悬出水面，一双拖鞋在甲板上放着，位置较低的坐椅上面随意地放着一本书，另外在坐椅前方的玻璃桌上还放着一些桔子。所有的这一切都表明住宅的主人刚刚离开甲板进入房间。但是很快他就会出来，拿起已经剥好皮的桔子，重新打开书，继续坐在低椅上进行阅读。照片的背景中，住宅窗户上的横条装饰向远处延伸，天窗沿对角线打着结，一条小船用绳子系在附近水面上伸展出来的停靠物上面。除此之外，在照片的背景中还有一片沙滩，一丛树木。那丛树木仿佛就在地平线上，紧紧连着广阔的天空，天空中还戏剧性地浮满了白云。

这张照片十分清晰的展示了保罗·鲁道夫佛罗里达住宅建筑鲜明特征中的一部分。当这些住宅的照片在20世纪40年代出现在建筑周刊上时，立即吸引了很多人的注意力，即便在今天当我们重新对这些建筑作品产生兴趣时，也还可以从照片中获得一些新信息。这座住宅的设计方案传递了令人愉悦的自由感。它完全抛弃了传统住宅设计方案中带限制感的固体墙面。轻巧、非传统的建筑结构看起来似乎是对传统地球引力限制的挑战。通过可活动的天窗的帮助，这种结构可以将住宅内部空间和住宅外部空间的光线变得模糊，将住宅的氛围营造在雕刻品和空间之间。这种结构具有可以活动的天窗，使建筑内外以及建筑作为一个雕塑实体和建筑作为一个空间容器之间的界线变得模糊。另外窗户上的这些横条还可以在需要私密性时放下来，从这里观赏到外部的景色。在这张照片中，可以看到住宅内的人可以向外面的人招手示意。假设这样的场景：操作简单的调整天窗的位置来使之与水平面平行，从而享受到早晨温暖的阳光或者中午清凉的阴凉。

这张照片还很好地体现了个人生活的私密性，在一片风景中将一个只包括自我的小世界与大的自然环境隔绝开，避免了任何人类活动的痕迹。这座住宅的风格正是现在流行的瑞士鲁宾逊家庭在纯洁沙洲上避风港的风格。与此同时，尽管住宅的设计与其所处的特殊地理位置结合得相当好，住宅本身仍然具有自己的属性，并且还要符合某种建筑标准。而在这里，它就好像是从高空中被抛下来正好落在这个位置上的，对周围景观的影响降至到了最低。在观赏这张照片时，我们很容易就可以想像到，居住在这座住宅中，可以避免邻里的窥探，可以远离社会的习俗和日复一日的焦虑，甚至还可以躲避季节的变迁。在这里，你可以想像一切：想像度过一个充满芳香气息舒适的下午，或者想像在墨西哥海湾享受清风拂面的快乐。在这里，可以光着脚在沙滩上漫步，还可以享受在不被打扰的假期阅读的快乐。

这座住宅看起来更像是一个小的花园亭子，而不像真正的住宅。至少它把我们带回了罗马时代的神奇之中，在这里我们可以逃避繁重日常需求给我们的生活带来的烦扰。住宅的一边与陆地和生活中的其他因素直接发生联系，以便所有的必需品供应都可以被抛弃在视线之外。然而，制造这种幻想的现实总是非常昂贵的，其结果是在人类的历史中，从哈德良（Hadrian）别墅到位于凡尔赛安托瓦内特玛丽（Marie Antoinette）的哈缪（hameau）住宅，这些幻想的现实总是一种以财富和势力为前提的奢侈。可是在这里，根据照片所显示的信息，我们可以将住宅的规模进行简化，却仍旧可以保持其雅致的效果，将工程的预算控制在中等水平，以迎合美国中产阶级客户群体的购买意愿。尤其是在今天，经历过使住宅所有者瞠目结舌的20世纪50年代的房地产膨胀之后，这种设计方案更像是房主的一份私人财产，而非不动产。由查尔斯、雷·埃姆斯（Ray Eames）制造的三合板椅子或可拆卸的敞篷船都是在战后才得到发展的。尽管这座住宅很显然是种奢侈的建筑，然而出现在照片中的，无论是椅子还是敞篷船都很有可能会大批量地被生产，并且为稳定的中产阶级消费市场提供货源，并在需要的地方得到使用。

当然，正如我们所知道的，照片是会撒谎的，最有效的照片或许就是一切。正如照片所试图为我们营造的一样，在我们希望相信照片所展示的一切时，在某种程度上我们还要提醒自己：真实的住宅并非就是照片中的伊甸园。我们知道建筑并不是恰巧为这个位置订做并从空中抛下来的，不可能对所在沙滩环境没有一点影响。我们可以想像将住宅固定在指定位置的地基应是十分坚固的。但是，正如建设在脆弱的栅栏上的任何建筑一样，这种结构仍然是十分脆弱的，在这种结构上是不允许盖任何住宅的。我们还很怀疑承建商在运输成吨的建筑原材料时反复碾过从未被践踏的沙滩时会对沙滩造成怎样的危害，我们还可以想像在工程的末尾会有建筑垃圾的残骸遗留在沙滩上，尽管承建商非常注意环境保护的问题，但还是会有垃圾的灰烬飘落到水中。住宅一旦建成，在夏季时没有空调设备，室内的温度有时是很难忍受的，而这种现象在佛罗里达州的私人住宅中一般很难出现；而且以后我们还会发现空调系统的要求会破坏保罗·鲁道夫在建设方案中对空间开放性的追求，事实上他在以后的住宅内部空调系统的设计上也遇到了类似的问题。我们还感觉到，保罗·鲁道夫在战争时期学习到的悬挂式屋顶结构技术，尽管是一种灵巧度很高的适应性技术改造，但是并不是很适合这座住宅的实际设计情况。甚至鲁道夫自己也承认，这种技术适合空间更大的住宅结构，屋顶在住宅中间的下陷损害了住宅内部的空间效果。这间雅致而脆弱的住宅中的一切看起来都毫无疑问的会出现故障，而需要修理工人经常光顾，在20世纪80年代听到它需要进行全面重建的消息时，我们根本就没有感到一点点惊讶。

这张照片或许甚至都不是建筑师想像力作品的优秀代表。尽管我们知道鲁道夫和斯托勒是朋友，他们经常合作创造合适的建筑作品形式，但是我们确信鲁道夫完全不喜欢附属物的使用——拖鞋、书以及橘子——然而斯托勒却对这些细节的设置十分感兴趣。后来斯托勒自己解释道他选择这样的做法也是无奈的，这是为了取悦于读者，即他所谓的《消费者杂志》。由于将注意力和焦点更多地集中于顾客身上而不是集中于建筑师身上，他们倾向于将这座住宅的氛围营造得更加生活化。事实上，鲁道夫在给予别人如何解释他的住宅设计方案的权力时是十分小心翼翼的。这或许是在后期职业生涯中，他越来越避免与专业摄影师合作，而倾向于自己做素描图的一个主要原因。他自己的素描图可以和照片一样被杂志使用，然而不同的是前者所有的因素都可以被他自己控制。即便是像鲁道夫这样不信任照片，他们也不得不在展示早期的结构框架时使用照片这种主要的媒介。面向公众出版的照片影像与真实建筑项目的尺寸是不成比例的。在当时，上文中我们曾经讨论过的那张照片在杂志和周刊上被反复刊登过，而且经常使用的是占用整张页面的处理方法，例如在1951年1月的《建筑论坛》中，曾经以9in × 12in（0.23m ×

0.30m）的页面刊登了这张照片。这样一座小型的住宅却用了格外大的尺寸来展示，表明斯托勒给杂志的编辑和设计者们带来了一种怎样的视觉错觉。除了建筑物本身，这座建筑位于一个相对而言是小镇子的地方，人们很难寻找到这个小镇，因此，照片要比鲁道夫自己的素描图更能帮助鲁道夫在建筑界建立自己的声望。

这些照片或许表明了鲁道夫在早期住宅设计中取得的成绩，它们是他早期成绩最基本的纪录。这些照片在大众中引起了复杂多样的反应。任何一个熟悉建筑历史的人都会对这座住宅是否是第二次世界大战后在美国气候温暖的地区现代主义的产物产生质疑。另一方面，这座住宅对许多人而言并不是以往熟悉的风格。并不像密斯·凡德罗为伊迪丝·范斯沃斯（Edith Farnsworth）在芝加哥附近设计的著名的玻璃屋那样，那座玻璃屋已经成为了一种为大众所熟悉的象征物，在今天那座小房子依然保持着它惊人的价值。这座建筑展示了海岸边浓郁的异国情调，该设计理念偏离了现代主义设计理念的革新主线，是对以前并没有被开发的设计可能性的一种尖锐的提醒。黑暗的、填充得很满的颜色，几乎是最早期的戏剧化的几何结构，这种纪念碑似的结构相对于很小的建筑尺寸而言完全不成比例，戏剧化高于地面的位置给整座建筑增加了一种个人兴趣的偏好，一种对同期建筑中早已消失了的私密性的关注。例如帕拉第奥（Palladio）的别墅，格林兄弟的平房、弗兰克·劳埃德·赖特的牧场小屋等等都是当时具有代表性的作品，鲁道夫的作品和这些作品一样都是杰出的脱离常规的作品，都具有不同于以往建筑的个人独特的构想。

这张照片能够直接和我们对话的另外一个原因是：在照片中很少有信息可以阻止我们相信这样的住宅是在昨天被建造的。在照片中，没有正在流行的汽车、服装和发型的样式，而书本、橘子、拖鞋，甚至住宅里的家具，都对当时拍摄照片的时代背叛很少。斯托勒的小摆设使我们能够既从纯粹建筑领域的角度进行欣赏，又可以从建筑历史领域的角度进行欣赏，而且可以将这种设计理念带到消费者领域中。即便不能拥有，我们也可以想像到类似这样的住宅中拜访做客。

尽管已经知道了这座住宅所处的时期和所属的建筑风格，但是在看到它时我们的反应还是模棱两可的、有分歧的。很难想像在先锋派建筑理念指导下的建筑风格能够这样令人亲近，具有这么强烈的吸引力，尽管它被很清楚地在建筑杂志的内页展示出来。直至今天我们仍旧可以将其作为新奇的事物并产生相应的反应，但是在20世纪的前20年中，就像看待大多数战后的现代主义作品一样，我们不可避免的会看到这样的作品以不同的方式，在某种程度上像微弱、然而令人震撼的光线一样向建筑界透射了过来。这似乎不再是即将来临的乌托邦式未来的前兆了，而是对美好的未来之梦的令人沮丧的提醒，是对半个世纪对乌托邦式世界追求失败的记忆埋葬。在看这张照片时，我们不得不想到在建造这座住宅时，一定会威胁到当前的坏境保护法规。我们会十分痛苦地联想到在这片纯洁的海滩上，富裕美国人的后代人口数在不断的膨胀，到那时海滩会是什么样的呢？

这张照片如此吸引我们的原因在于它能够回应我们所有复杂的感想。尽管具有很多异常的特征，照片上的住宅仍然具有视觉上的简洁性，看起来更像是完美的未来世界的产物，但是在同时，它还为我们清晰地绘制了一幅古典的图像。我们可以在它身上产生内心喜悦的共鸣，然而与此同时我们却也从它身上发现这种内心的喜悦早已在半个世纪的历史长河中离我们远去了，而且不会再回头。我们还可以将其视为国际化现代主义的典型作品，然而与此同时我们也可以将其看作是某一特殊时期的特殊产物。

本书以及现在对保罗·鲁道夫作品等在私下进行的研究工作表明了人们对鲁道夫作品兴趣的复苏。这种复苏，当然是战后建筑设计理念的评价日益赞赏的一部分。当时许多美国最有抱负的建筑师，在美国民居建筑适宜的区域性扩展和国际化现代主义之间的平衡问题上已经达成了共识。从西海岸的设计者们如理查德·纽伊特拉（Richard Neutra），皮耶托·班鲁斯奇（Pietro Belluschi）和格雷戈里·艾因（Gregory Ain）到东海岸的设计者们、鲁道夫在耶鲁大学同班同学爱德华·拉瑞比·巴恩斯（Edward Larabee Barnes），菲利浦·约翰逊（Philip Johnson），乌尔里克·弗朗茨（Ulrich Franzen）和约翰·M·约翰森（John M.Johansen），建筑师们设计了大量的住宅，其设计方案将国际化现代主义理念和对当地的感觉融合在一起，大片的草场将这些住宅建筑或隐蔽、或公开于视线中，形成了独特的风景。

在20世纪40年代和50年代的晚期，这种建筑上现代主义风格的一致性在美国较为温暖的所谓的"阳光地带"表现得尤其明显。从酷热、潮湿的佛罗里达海岸到酷热、干燥的美国西南部沙漠地区和加利福尼亚南部地区，建筑师们使用当地的建筑原材料，简单的用墙和屏风隔离出住宅的内部空间，用悬挂的屋顶将太阳光与住宅内部空间隔绝开，用巨大的平面玻璃窗户将外部空间和内部空间联系在一起。鲁道夫早期的住宅建筑作品与南部加利福尼亚住宅建筑的范例在许多方面有着惊人的相似之处，例如由查尔斯·埃姆斯（Charles Eames），艾罗·沙里宁（Eero Saarinen）和拉尔夫·劳普森（Ralph Rapson）在1945年和1950年间设计的住宅建筑方案。我本来想写一篇在南部加利福尼亚建筑学家的作品和由朱利叶斯·舒尔曼（Julius Shulman）拍摄的、皮埃尔·科恩尼格（Pierre Koenig）在1959年设计的案例研究第22号住宅对比分析的小短文：在后一个建筑的起居室里坐着两名女子，这间起居室的设计独具匠心，似乎是从山上悬挂下来的，而好莱坞及整个洛杉矶盆地为这幅场景构成了一个很精彩的背景画面。在这个设计方案中，引人注意的还是内部空间与外部空间的亲密关系，这种亲密关系被照相机镜头戏剧化地强化了。在这个设计方案中，还存在着将建筑物视为建筑师们永恒的工作和将建筑物视为一个阶段的产物这两种观点之间的矛盾，存在着将建筑物仅仅视为普通的生活必备设施、是可以在世界任何地方修建的和将建筑物视为一个拥有自己独特品质，只能在特定的地点存在、而且是不能再在别的地方修建的两种观点之间的矛盾。

很显然格斯特·希利小屋是这种趋势的一部分。在20世纪40年代和50年代晚期现代主义风格的建筑中，它有着自己独特的位置。这一时期的建筑风格从诸如鲁道夫或纽黑尔等人倡导的雅致、尽量最小化的结构向诸如爱德华·杜瑞尔·斯东（Edward Durell Stone），米诺鲁·雅马萨奇（Minoru Yamasaki）等人倡导的更加注重修饰、色彩更加鲜艳的结构转变，或者干脆完全转向了大的、反常的、戏剧化的大型结构，正如许多快餐厅、洗车房或者Googie形式的咖啡屋的结构设计一样。在经历了很多年的漠视和冷落之后，这些设计上的新元素在今天正在以令人赞赏的速度向前发展着。

为什么这些建筑理念在今天复苏了呢？部分的原因可以这样来解释：大众的口味是周期性变化的。正如在美国1876年100周年国庆后，19世纪晚期和20世纪早期殖民地的建筑风格重新被大众发现并接受一样，经历了半个世纪的被过分装饰和三维技术统治的建筑风格慢慢地不再流行了，而20世纪50年代出现的轻巧的、小型的建筑在流行了几十年的巴洛克风格之后重新得到了大众的青睐。这种建筑风格是在现代主义后期出现的，它既有20世纪70年代复杂的结构设计，既吸取了前代建筑的规范做法，又吸取了先锋派的做法，抛开了前代建筑对细部的复杂追求和对几何形式的狂热推崇，并且对设计风格有出人意料的调整和改善。作为回应，现在许多建筑师似乎能够轻松地在战后的建筑作品上寻找灵感，将它们看作是摆脱了前几十年在建筑形式和理念上争论的新的出发点。这种进程被大大加速了，这是因为当初的设计者们已经远离了建筑界舞台，他们经历了或即将经历的50年的实践考验，已经有足够的资格在建筑历史上留下自己的印迹。

保罗·鲁道夫的建筑作品就尤其具备下述特征：在表面上看来很简单的形式下隐藏着巨大的潜力、抱负和能量。正像我们所观察到的一样，我们能够感觉到在希利住宅的平静表面下隐藏着很多矛盾与不和谐，仿佛建筑师在设计伊始就想把不和谐的因素同时安装在一个载体上。在这个作品的设计过程中，作为格罗皮乌斯具有理性头脑的鲁道夫与因受弗兰克·劳埃德·赖特作品的强烈影响而更加罗曼蒂克的鲁道夫产生了对立。这种冲突在该建筑内部空间所体现的矛盾感可以很清楚地看到。对在密斯作品中体现出来的单独、朴素的几何空间构图的兴趣与直觉上想将复杂的、三维的概念引入空间构图的渴望发生了冲突。悬挂的屋顶结构毫无疑问是结构理性化的一项实验，同时也背叛了在勒·柯布西耶作品中体现出的对视觉效果出于个人喜好的、直觉的渴望。

另外一个矛盾在于在协调特殊的地理位置与这样一种观念——好的设计作品能够或者应该超越地点或时代的局限——的关系。这座住宅很清楚是为其所处的位置建造的，而且适应当地的气候环境，而不适用于其他地理位置。鲁道夫对待他在南部的建筑作品十分谨慎，并经常对现代主义建筑风格与温暖气候之间的亲密关系发表评论。在格斯特·希利住宅中可以看见的垫高的地平面，这也许会引起在南部小佃农居住的小屋对通风系统的注意，转为允许空气进入而阻止太阳光射入而设计的天窗等等，都可以被称为地方化的设计。而在另一方面，小的尺寸，简单的空间构造以及看上去很容易被标准化规范的、事先组装好的附件都表明了这样的设计方案可以在其他地点和其他情形下使用。最后，在很小的规模和很大的规模之间还存在着矛盾。鲁道夫是他那个时代中很少试图填平这一鸿沟的建筑师之一，他参与每一项工作：从设计每一件小的家具到规划整座城市。在这种情况下，他的建筑作品可以视作是微小的，但是也可以视作是令人惊讶的纪念碑。

我们知道在晚期作品中，保罗·鲁道夫将他在前期小型建筑中的设计理念抽象了出来并运用于更大型、份量重、看上去更为复杂的结构设计中。在20世纪的50年代、60年代和70年代早期，当他的作品每个月都在建筑周刊上出现时，引起了极大的关注和争论。在20世纪80年代和90年代，随着公众兴趣和注意力的转移，鲁道夫的光环被其他建筑师掩盖了。尽管诸如耶鲁大学的艺术和建筑大楼等建筑是永远不会被人们遗忘的，但是不能被遗忘的原因更多地归因于这些建筑依旧存在，是建筑史及风格偏好变迁的记载，是在过去的岁月中许多有影响力的建筑学家和批评家扮演了重要角色的记载。另一方面他近期在东南亚的建筑作品从未使我们产生愉悦的感情和兴趣，这是因为对于大多数的观察者们来说，这些建筑的风格仅仅是早期作品旋律和风格的重复。但是这种判断在不久的将来就会被推翻。

在这里，这本书及其他著作或许代表着对保罗·鲁道夫建筑作品重新发现新阶段的开始，这个阶段可能会更加强烈的推崇鲁道夫的思想。很可能这种新发现的历程与其作品在建筑领域中的位置有着类似的演变阶段。对于那些对早期住宅建筑风格很感兴趣的人们来讲，鲁道夫早期的建筑风格并不是对位于韦尔斯利学院朱乌特艺术中心的建筑风格的一种超越，然而从那时起，他的建筑风格日益鲜明，他的作品像耶鲁大学的艺术和建筑大楼、位于马萨诸塞州北部达特默思小镇的东南马萨诸塞技术学院等都被认为是他建筑事业的巅峰之作。一旦认识到这一点，富有同情心的观察者们就能够更好地理解鲁道夫后期在东南亚的建筑作品，并对其一生的建筑事业重新作出评价。然而这种重新认识的课题并非是不可避免的或者不可预知的。这个过程的关键在于在未来的几十年内如何找到使建筑师和建筑历史学家们产生兴趣的着眼点。这个过程是很有趣的，充满着动态的美感，正如我们第一次被带到这些引人注目的建筑物前的感觉一样。

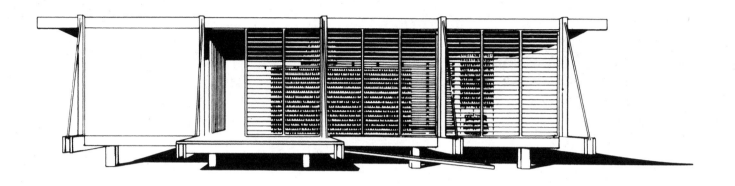

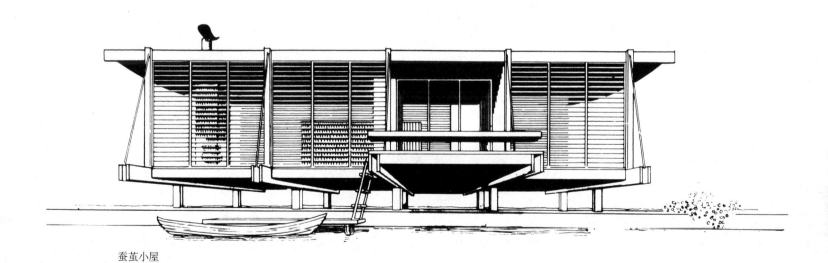

蚕茧小屋

特威切尔和鲁道夫

特威切尔和鲁道夫

约瑟夫·金（Joseph King）

评 论

拉尔夫·特威切尔和保罗·鲁道夫一起着手在佛罗里达州的西南部建造新式的建筑。在这个过程中，他们通过建造一系列杰出、新颖的现代化建筑扩展了中世纪的现代主义思想，这些现代主义的住宅没有一个细节来源于特殊地点的个别特征。在当时，地域性特征的表现被视为对早期现代主义国际化蔓延的抵制手段，同时也被视为是对建筑物所处地域文化和气候极具意义的时代性的体现。特威切尔和鲁道夫发展了一套设计和建筑的方法论，他们试图使用这种建筑手法以便适应佛罗里达州在战后时期经济和人口的快速增长。

以更广阔的现代化眼光关注空间、形式和技术的发展，并将注意力放在本地文化的特殊性和本地景色的特殊性上，这种同其他建筑师联系的能力反映了每一名建筑师个人的能力和各自的性情特点。鲁道夫是这种伙伴关系的设计者，并且紧紧跟随美国现代主义先进思想的新发展。特威切尔提供了物质基础：在这种思想的指导下设计出的作品。他发展了建筑技术，雇佣职员并和他们一起工作，处理全部设计工作过程中出现的问题，在一些情况下提供土地并建造住宅。

这件作品位于佛罗里达州萨拉索塔这座虽小，却充满活力、被当作度假目的地的小镇，在这里可以通过在未经培育的亚热带荒野上建造美丽的小亭子，充分展现荒野的魅力，以实现罗曼蒂克的想法。特威切尔和鲁道夫的委托人中有些是来自于北方的居民，他们渴望着能够有机会从原来的定居地迁徙到另外一个居住地；有些是季节性的居民（在寒冷的冬季），他们希望能够在具有季节变化感的屋子里感受到异域的风情和冒险的乐趣。在肥沃的、丰饶的佛罗里达景区建造这些住宅，能够给建筑师们提供几乎是完美的现代主义的表现机会，正如鲁道夫所说的：这里拥有"十分精致的景色，具有相当的自由"[1]。尽管这些住宅的规模使人亲近，外观平易近人，但是它们仍然拥有强烈的特征，十分具有现实意义。从某种意义上来说，这些建筑作品象征了一个智慧和直觉的过滤过程，在这个过程中建筑师们解决了将现代化技术和空间概念、当地的建筑材料、建筑物和周边环境之间的关系等与建筑形式的兴趣相结合的难题。

特威切尔和鲁道夫在建筑出版业的证实下，意识到了他们对当代建筑的重要贡献。他们的合作，无论是在技术还是在勇气上的合作，都直接导致他们作出了更大的成就——相比同时期他们单独进行工作所获得的成就更大。然而在他们获得了更多的肯定之后，他们中的每一个人都发现自己很难再和另外一个分享了。在萨拉索塔和委托人中间，特威切尔把自己认作是住宅建设背后的创造力来源，并且认为自己是发展新建筑风格的领袖。而在萨拉索塔外，人们普遍认为这些住宅建筑是在年轻的哈佛杰出毕业生鲁道夫的建筑理念设计和建造下完成的。鲁道夫的同时代人回忆那些年的事情时，正如他的朋友菲利普·约翰逊所说的，"我认为他是他所处那个年代最值得敬佩的建筑师……我们中的每一个人都说，'看吧，保罗·鲁道夫将成为他那个时代的赖特'。"[2] 彼得·布莱特（Peter Blake），中世纪现代建筑史的编纂者这样写道：

> 与他同时代的其他建筑师不同的是，保罗尝试重新解释从密斯、赖特和

柯布的相似之处学到的全部经验，并且将这些经验用于分析自己的模型……我认为，他是彼得·埃里森·斯密森（Peter Alison Smithson）喜欢称之为"英雄时代"的现代主义建筑的直接继承人。

对于我和其他欣赏过他的建筑作品的人来说，他是第二次世界大战之后那些年里最重要的建筑师，在美国，也可能在整个工业化世界都是如此。[3]

在学习弗兰克·劳埃德·赖特、密斯·凡·德·罗的过程中，英雄主义式的现代建筑理念召唤着鲁道夫的加入，而他也正是这样给自己定位的。毫无疑问，他是一位极其富有天赋的建筑师，尽管英雄主义的观点很大程度上只有在分析建筑形式时才能够得到理解，而在相对自主地了解他的作品时是很多余的。他所持有的观点使他得以参与到现代主义建筑的"星系"中，从而使其提升至国家级水平建筑师的位置，这样在萨拉索塔之外，在鲁道夫的事业生涯中又开始了一个颇富创造力的时期。

今天我们可以对鲁道夫在佛罗里达州的建筑作品作更综合的理解，这是因为我们不仅仅将这些作品看作是物体，从而享受到视觉上的快乐，我们更可以将其视为是个人创造力努力的成果，是鲁道夫在萨拉索塔独特的建筑设计实践中所获得的文化习俗和影响的交融体。鲁道夫与特威切尔合作建造的住宅构成了鲁道夫建筑事业中独特的一章，在追求发展一种适合当地环境的新生活形式的目标指引下，他们以亲密无间的合作方式将住宅的设计和建筑整合成完整的艺术。他们发明了一种将当地的建筑材料和现代化技术整合在一起来传达建筑表现力的途径，与此同时还运用了将自然环境整合到建筑中的理念，为生活在其中的居民营造了很好的生活氛围。

保罗·鲁道夫

鲁道夫1918年8月23日生于肯塔基州,他在肯塔基州的许多小镇中度过了自己的童年时代。作为一名牧师,他的父亲遵照卫理公会迁徙的传统,周期性地从一个地方举家搬迁到另一个地方,小鲁道夫就生活在美国南部具有当地风情的建筑中,并得以对这些建筑进行观察。他从小就在许多方面付出了创造性的努力并展示出了相当高的天赋。其中包括钢琴、油画和素描。他儿时的一则轶闻显示了他独立、创造性表达的能力。在他10岁或12岁时已经成为了一名娴熟的钢琴弹奏者,而且还被教堂邀请弹奏管风琴。他的父亲不同意他接受这个邀请,认为他还太小,不能收发自如地控制这么复杂的乐器。然而,一个深夜,好奇的鲁道夫偷偷地从父亲的住处溜到隔壁的教堂中,并开始熟练的弹奏管风琴,直到把全家人从睡梦中惊醒。[4]

1935年至1940年,鲁道夫在阿拉巴马理工学院(现在的奥本大学)学习建筑专业,并取得了建筑学学士学位。[5]在少年时代和大学期间的学习中,他深入了解了在南部处理气候、环境和建筑之间关系的方法。在阿拉巴马理工学院,在当地建筑传统中,温度控制的方法已经成为了学术研究和分析的一种方法论,尤其是在沃尔特·伯克哈德特(Walter Burkhardt)教授的带动下。伯克哈德特在阿拉巴马开设了"美国历史建筑的测绘"一课。[6]他记录了很多装置,诸如可以活动的百叶窗、经过几十年发展的遮篷系统,还有在不同场所安装的层叠板材,可以方便微风进入室内,遮蔽太阳光线,并且微调室内的温度。除了建筑形式和建筑材料,平面和空间的元素如连廊和门廊也都被记载了下来,并在调节室内温度时具体运用了这些方法。他对美国南部建筑的广泛实践以及佛罗里达住宅的建筑设计有着十分重要的影响。

1940年,鲁道夫获得了弗兰克·劳埃德·赖特最新作品的第一手资料。赖特当年建造的、最好的于桑年(Usonian)住宅中的一个,位于阿拉巴马州佛罗伦萨的戎森伯姆(Rosenbaum)住宅,由于正好在鲁道夫父母居住地的附近,所以鲁道夫可以在从学校回家的路上看到。该建筑给他留下了深刻的印象,历经22年的岁月仍然存留在他的头脑中;直至1986年他还能回忆起当时这所住宅对他感情造成的强烈冲击。[7]作为一个美国人和一个南部美国人,鲁道夫很容易被赖特浪漫主义的建筑理念感染。他拥有开阔的视野,将美国的自然景色和当地的建筑原材料以及艺术和机器制作的技术融合在一起,适应了当时的时代要求。通过以上途径,鲁道夫理解了建筑的价值、意义和现代性之所在。

像弗兰克·劳埃德·赖特一样,保罗·鲁道夫拥有常人罕有的建筑抽象空间的能力,而且他还成为了处理空间设计问题的专家。赖特和鲁道夫在早期都曾经接受过音乐的训练,他们的作品都可以用音乐的术语来描述:旋律和合奏、主旋律和变奏、比例、平衡和结构。他们的作品充满抒情的特质,用抒情的手法体现低落的空

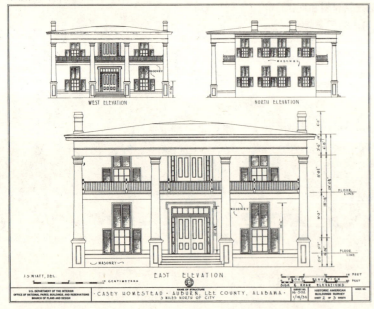

素描图,美国建筑历史调查

间或者流动的空间、开放的空间或者封闭的空间、运动的空间或者静态的空间。每一个部分都十分精确地体现了整体空间要表达的意义，并为整体构图的精美效果作出了贡献。

鲁道夫的一个同班同学推荐鲁道夫去佛罗里达为其原来的老板拉尔夫·特威切尔，一个十分追求进步的建筑师工作。能够亲眼看到位于佛罗里达州湖泊地区、赖特主持设计并正在建造的佛罗里达南方大学，这种机遇正如能够到佛罗里达州西部中心一样，十分具有吸引力。[8]鲁道夫于1941年来到了萨拉索塔，并在秋季进入哈佛设计研究院学习之前为特威切尔工作了半年。特威切尔十分欣赏这个年轻人身上所具有的设计才能。鲁道夫几乎全程参与了特威切尔自己住宅的建造工作。尽管鲁道夫还年轻，没有很丰富的实际经验，并且由于南部家庭的教养传统，性格很和顺，但是他仍旧十分坚持自己的设计想法。很显然他认为和特威切尔一起工作是很有激情的，正如他在从哈佛写给特威切尔的秘书路·安德鲁斯（Lu Andrews）的信中所写的那样：

> 路，我想知道特威切尔先生住宅的情况，我还想知道很多其他的事情。我还告诉了这里的人关于特威切尔先生住宅的事情，他们都盼望着能够看到实际建筑物的照片，于是我不得不向他们提供。我还想向特威切尔先生提出很多建议，但是不管怎样这些建议或许太过昂贵了……我愿意为起居室绘制一张壁画，是因为我觉得没有壁画的起居室看起来很糟糕。请转告特威切尔先生和鲁特（Root）先生（工程监理人）我的问候。我想我再也不会享受到暑假和他们一起工作的快乐了。[9]

正像他索要照片时所作的解释那样，鲁道夫十分渴望在过去暑假里所做的建筑实践和他在哈佛接触到的更广博的现代主义熏陶之间建立某种联系。

戎森伯姆住宅，弗兰克·劳埃德·赖特

佛罗里达南方大学，弗兰克·劳埃德·赖特

现代主义及其文化

在鲁道夫和拥有亚热带气候的佛罗里达州发生亲密关系的同时，在哈佛沃尔特·格罗皮乌斯辅导的班级中，他发现自己处于一个独特的时代和一个独特的位置。他参加了对最新现代主义理论、设计学说的探索研究，并且身处一个对他而言全新的文化环境。就在1941年他到达哈佛时，这个眼界宽阔的南方人向路·安德鲁描述了他最初的经历：

> 设计研究生院的人数限制是15个，坦率地讲，我并不很明确地知道为什么我会是他们中的一员。他们中的每一个都曾经获得过各种各样的奖学金，曾经周游过世界，曾经讲过学、有过建筑作品。我旁边的家伙曾经承担过法布罗的城市规划任务，我后面的家伙在去年花了3000美元周游了美国南部。菲利普·约翰逊，一个十分著名的建筑批评家，曾经写过很多建筑方面的评论文章，但是从来没有批判过这15个人中的一个。你就可想而知竞争是多么激烈了。
>
> 我在这里获得的东西远比我曾经设想可能从这里获得的东西要多得多……格罗皮乌斯先生是我曾经接触过的人中最有活力的一个。我仅上设计这一门课，而他教授这门课每年可以得到25000美元。他每周三次给我们单独辅导。上周五他在他著名的住宅内款待我们喝鸡尾酒。他有一名男管家，我们还见到了他著名的演员夫人。她真的很迷人，而且对我们每个人都招待得很好。

chamberlain 小屋，沃尔特·格罗皮乌斯与马塞尔·布劳尔

包豪斯风格的奠基人和指导者沃尔特·格罗皮乌斯1934年从德国移民到了英格兰，随之在1937年来到了美国和哈佛。包豪斯风格对现代的建筑、艺术和工艺设计有着意义深远的影响力。随着哈佛聘用了格罗皮乌斯，欧洲的现代主义理念被整合到了美国的学术环境中。在那些年，他的存在吸引了最有建筑天赋的学生来到了哈佛，这其中包括菲利普·约翰逊、贝聿铭、爱德华·拉瑞比·巴恩斯（Edward Larabee Barnes）、约翰·M·约翰森（John M.Johansen）、尤勒瑞尺·弗朗茨和维克多·兰迪（Victor Lundy）——这些优秀的学生在日后都成为了战后建筑领域的领导者。[10]保罗·鲁道夫充满渴望地学习着在哈佛发展起来的思想财富，并致力于这些思想的繁荣昌盛，因此赢得了与他同时代的建筑师的钦佩。菲利普·约翰森曾经在某种程度上有些夸张地说道："他能够抽象概括和总结，而我们中的其他人都无法做到这一点，事实就是这样。"他还十分佩服保罗·鲁道夫"头脑运转的速度"。[11]

格罗皮乌斯认为，现代科学方法的逻辑应当被用于质疑美学和设计。他的学生们对住宅建造中开间的功效、地板结构的类型、制造墙壁覆层的技术等等做了深入细节的研究。这种冷静的、分割开的思维方式有时会被认为会导致纯粹的、毫无人性的现代建筑。但是这种结构上的理性仅仅是格罗皮乌斯目标的一部分，正如逻辑强调的那样，创造力和本质的直觉对设计的进程是至关重要的。格罗皮乌斯发现有创造力的个体拥有超越已知的概念并接受对其而言全新概念的独特能力。如果思想和解决问题的方法在建筑领域的存在和发展是合理的，那么它们一定要有坚实的科学基础和技术基础，能够领悟到时间和空间的精髓，并且有建筑工艺的支持。由于现代建筑需要多方面和多变的需求，格罗皮乌斯号召团队式的建筑实践，他认为这样能够创出有用的和有意义的作品。

在沃尔特·格罗皮乌斯时期，马塞尔·布劳尔（Marcel Breuer）在研究生设计院里的设计和建筑实践领域中也有着很强的影响力。很显然，保罗·鲁道夫十分紧密地跟随布劳尔在建筑形式和原材料方面的感觉，与此同时还学到了他对轻巧结构和悬空结构的兴趣。1949年的米勒客居住宅表达了鲁道夫对布劳尔作品的敬意，尤其是1940年的张伯伦小屋更是表达了他的这种敬意。在那时，布劳尔还曾经亲自看到了这座建筑。

1937年沃尔特·格罗皮乌斯和马塞尔·布劳尔为格罗皮乌斯家族在马萨诸塞州林肯城设计的住宅充分表达了他们的建筑理念，正是这种理念对鲁道夫在佛罗里达州的作品产生了很大的影响。这座住宅运用了20世纪的机遇、技术和概念，将自由坐落住宅传统的外观和精神抽象化了。这种抽象在简化的立体形式、条状的窗户、由薄板连接而成的墙壁以及对大块空间的解释方面都表现得十分明显。对格罗皮乌斯来讲，这种现代主义的建

格罗皮乌斯住宅，沃尔特·格罗皮乌斯与马塞尔·布劳尔

筑并不具有普遍使用的意义。参考英格兰传统建筑的风格，他在设计中使用了木材，尽管是垂直使用的，从视觉效果上讲与低矮的卵石墙形成了一个整体。被遮盖的门廊是传统美国建筑的一个设计元素，在这里被有意识的用作现代设计的一部分，这个门廊既不在室内又不在室外，它是在室内空间和室外空间互动的关系中美国人表达现代主义兴趣的一个产物，在当时被称为内部和外部的空间。在西格弗里德·吉迪恩（Sigfried Giedion）所著的沃尔特·格罗皮乌斯传记中，他将其评价为现代建筑概念的反面例子，认为这座建筑相对其特定的位置是独立的。人们会发现他的描述同样适用于在哈佛逗留过后鲁道夫在佛罗里达的作品：

　　这座住宅无论是在结构还是在概念上都和同时代的建筑有着密切的联

希利客居住宅（蚕茧小屋），正在建造

系：尊重特定区域的自然状况，对业已存在的环境进行时尚的包装，从而满足当代人的生活需求。这种想要在今天和永恒——宇宙和世俗环境——之间建立某种和谐关系的渴望，我称之为新区域主义者。[12]

鲁道夫在第二次世界大战爆发后加入了海军，这时他刚刚在哈佛学习了一个学期。在简短的军舰设计专业培训后，他被派驻在布鲁克林海军基地。从1942年到1946年的参战经历，实际上被证明是一次很大规模的工业化建筑实习经历，而这种机遇在住宅建造过程中是很难遇到的。战后他的佛罗里达建筑作品在空间和结构上具有轻巧和高效率的特征，而这些特征被认为来源于现代轮船的设计理念。封闭的外壳或者屋顶虽然很薄，却由于是平面的，质地十分结实，并且要比由许多部分组成的、全封闭的住宅或轮船更容易做成不同的形状。他在回应格罗皮乌斯对其学生的教导时讲到："我真正想要的是使年轻的学生意识到，如果能够利用我们这个时代所拥有的数不清的现代化产物，那么他们会发现创造力的源泉是不会枯竭的；我还想鼓励这些年轻人去寻找他们自己的解决途径。"

1950年建成的希利住宅（蚕茧小屋）或许是鲁道夫从军舰建造技术中获取的建筑理念在实践中得到应用的最贴切的例子：

> 这些想法必须是十分明确的：要使用尽可能轻的原材料；让其重量尽可能小；利用效率尽可能最高，整个理念就是结构一定要清晰。轮船给我的影响太深了……我总是不停地回忆驱逐舰真是世界上最美的事物之一。现在我仍然这样认为。在轮船上可以找到"拉紧"结构的概念……这是因为它们都很轻。然后就是蚕茧小屋应该具有的灵活性的问题了。尤其是我看到了防护驱逐舰的防腐油，以及它的工作原理。对我来说这些都很有趣，这是因为它所具有的弹性很合我意。[13]

战争年代里，正当鲁道夫能够有机会体验纽约，有机会熟悉现代主义的建筑师、批评家和建筑学杂志时，有关他自己的地方建筑的感觉成为了记忆。1946年9月他重新回到了哈佛，并在次年的2月获得了建筑学硕士学位。这是很引人注目的，因为他在研究生设计学院仅仅学习了两个学期。或许鲁道夫认为他已经经历了全面并且均衡的教育：在阿拉巴马理工学院和在哈佛接受的学院式教育的结合，以及与特威切尔一起工作的经历和在海军的经历都是有益的建筑实践。在说明自己没有耐心和想做另一件事情的渴望时，鲁道夫这样描述他在哈佛的第二个阶段："这一段与以前完全不一样了，我已经周游了各地。

我曾经供职海军，并看到了很多事情。我的心思不在哈佛上了，我想去建造房子。一旦体会到了这样的感觉，就很难再回到原来的轨道上了。"[14]

战后密斯·凡德罗对鲁道夫的影响变得明显了。1947年菲利普·约翰逊在现代艺术博物馆组织了一场密斯作品的回顾展，这场展览是由密斯亲自设计的。[15]鲁道夫一定曾经看过这场展览，观摩学习了密斯于1938年在怀俄明州的作品瑞瑟（Resor）住宅。这座住宅穿越了一条窄小的小溪，是一个放大了的玻璃和木质的盒子。这种风格对他作品的影响在芬尼·格斯特住宅的设计上十分清晰地凸现了出来。密斯的作品比鲁道夫的作品更加简朴，这一点提醒了鲁道夫更多地注重线性结构的表达，使用玻璃墙加强住宅与周边景致在视觉上的一致性和融合性，而且在他的建筑作品中，墙体与整个结构是独立的。

1948年，保罗·鲁道夫在哈佛获得了赖特奖学金，因此得以在次年周游了欧洲和英格兰。[16]这次旅行使他注意到城市住宅的建筑工作在建筑事业中的重要性。他在巴黎逗留了几个月并且主持编辑了一本十分特殊的杂志：《L'Architecture d'aujourd'hui》。这本杂志是献给格罗皮乌斯的，以表达他对格罗皮乌斯在美国作出杰出贡献的敬意。对鲁道夫来讲，这是一个很好的机会来表达格罗皮乌斯对美国建筑教育事业所产生的意义对他的巨大影响，而并非只是由于客居此地而对其所尽的人情。这本杂志搜集了一系列的文章和设计图，主要是由格罗皮乌斯学生的作品组成的，这些作品解释了格罗皮乌斯对建筑学科的分析和对合作工作的影响，而且还有涉及范围广泛的独立思考和表达，对当时建筑领域中颇有活力的问题尤其是战后的重建问题表达了强烈的兴趣。在格罗皮乌斯及其他建筑学家们共同努力下，合作进行工业化建筑的事业。在当时，这种合作的概念对鲁道夫的影响很深，正如他在一个谈及使命感的序言中所写的那样："在面对前方艰巨的任务时，早已经有一批人为之做好准备了。"[17]然而在接下来的一年，鲁道夫抛弃了格罗皮乌斯关于合作的学说，尤其在处理他与特威切尔的关系时，他开始承认追求和坚持自己创作观念的必要性，而团队合作的固有特点就是妥协，这种妥协阻碍了自我观念的表达和发展。

每个团体都有格外照顾自己人的倾向，对于上世纪中期现代主义建筑领域中的教师和从业者团体来讲这一点也是千真万确的。在朝鲜战争期间，鲁道夫被要求回海军服役。沃尔特·格罗皮乌斯和1951年秋季鲁道夫曾经执教的宾夕法尼亚州大学的校长帕金斯·G·福尔摩斯都写信给海军，支持他要求延期服役的请求，他们的帮助使鲁道夫得以继续留在城市生活。本书重印了格罗皮乌斯的这封信，它可以看作是格罗皮乌斯对鲁道夫所作的成绩的一种肯定和证明。[18]由于获得了延期服军役的批准，鲁道夫继续在佛罗里达的工作，先是与特威切尔合作，之后又自己独立创业了。

HARVARD UNIVERSITY
CAMBRIDGE 38
MASSACHUSETTS

GRADUATE SCHOOL
OF DESIGN

November 7, 1951

DEPARTMENT OF
ARCHITECTURE

The Chief of Naval Personnel
Department of the Navy
Washington 25, D.C.

Dear Sir:

I am writing on behalf of Lt. Paul M. Rudolph, USNR 297906/1405 who has requested deferment until May 1, 1951 on the grounds that he has seven contracts with private clients, residential buildings that cannot be adequately completed until that date.

Lieutenant Rudolph has been my student from September 1941 to February 1942 and from September 1946 to February 1947 and he received his degree Master in Architecture from Harvard University in February 1947.

I have closely followed up Lieutenant Rudolph's work in practice as I consider him to be one of the outstanding brilliant American architects of the younger generation. He is well on the way to becoming internationally known for the strong and independent approach he has taken in design and construction of contemporary buildings.

During recent years he has started to build up his own practice. I know from the way he and his firm are working that it is imperative for him to detail and supervise for himself the buildings he has been commissioned to do, as his approach and his unusual type of construction need Lt. Rudolph's specific attendence in order to be carried through to its intended affect and usefulness.

I do not hesitate to state herewith that I consider the architectural pioneer work that Lieutenant Rudolph is doing at present to be most desirable from the point of view of American leadership in this field. I, therefore, strongly support his application for deferment.

Sincerely yours,

Walter Gropius
Professor of Architecture

rhg

拉尔夫·特威切尔

在与鲁道夫相遇之前，拉尔夫·特威切尔已经是有了20多年实际经验的建筑师和建设者了。特威切尔将鲁道夫在图板上的设计图付诸于实际建造。特威切尔生活在佛罗里达州特殊的自然环境中，他经常对这种环境进行思考。因此他试图将某些因素用于萨拉索塔当地民居建筑的革新，并且还发展了为这个目的服务的建筑理念和建造技术。特威切尔为自己的建筑师事务所、建筑师合伙人公司聘请了一些技术娴熟的建筑人才并对其进行培训。同样，在建筑师事务所中，他对聘用鲁道夫并挖掘其杰出的建筑天赋有着很强的判断能力。他能够为在建筑领域和在他自己的事务所中工作的职员提供特别的住宅。

特威切尔于1890年出生于俄亥俄州的曼斯菲尔德城。他的父母在事业上进取心很强，家庭的经济状况很好，特威切尔和他的兄弟们在小镇里最大的住宅中过着舒适的生活。他晚年曾经回忆说十分怀念在家里玻璃温室中度过的时光，在那里他可以看到外面的草地和花园，可以获得有趣的视觉效果。这种经历对他在佛罗里达州建造与周边景致融合的、开放式住宅有着很大的影响。[19]当他的父亲很早就逝世之后，母亲举家迁徙到佛罗里达州的温特帕克市，在那里他考取了罗林斯大学。在哥伦比亚州麦肯吉尔大学学习建筑时，他的学业生活被第一次世界大战中的服役打断了。1920年和1921年，他在哥伦比亚大学分别获得了学士学位和硕士学位。

在第一次世界大战中，特威切尔在法国是一名测试飞行员，1918年7月13日，他所乘坐的飞机坠毁了，他受到了很严重的综合性脑部损伤。在接下来的23天里神志不清，毫无知觉。他接受了范围广泛的手术，并且在随后的几年中逐步恢复了健康。特威切尔回忆道，有一名给他治病的医生为了鼓励他使用并练习动脑，但却要尽力避免增加脑力的压力，曾经这样说："不要做你不愿意做的事情，这样你就永远不会犯错。"后来他说："这句话已经成为了我的信念。它同我的教友派信徒祖母教导我的没有什么两样——'要聆听自己内心的声音'。"[20]他发现自己想做的就是在设计和建造领域中工作。

有一段时间，特威切尔在纽约为卡瑞尔和黑斯廷斯的艺术公司工作。早几年这家公司曾经为亨利·弗莱格勒（Henry Flagler）设计过西班牙式的住宅，亨利·弗莱格勒负责佛罗里达东海岸沿线的旅馆和住宅的规划工作，这些建筑的外观都很宏伟，和正在向南部延伸的铁路在规模上很一致。建于1887年位于奥古斯丁的庞塞·里昂旅馆是这些建筑中最豪华的，它主要使用了当地软质的贝壳灰岩作为整座建筑外墙的建筑材料。[21]拉尔夫·特威切尔的家经由圣奥古斯丁。在往返于家和温特帕克市的途中，这种早期对本地建筑材料的使用以及对更大范围的文化传承的意识觉醒，在特威切尔很小时就对他产生了影响。庞塞·里昂旅馆是来源于地中海式的影响力在建筑领域的早期代表，而这种影响力从20世纪20年代一直流行至今。

在纽约工作一段时间后，特威切尔又在法国居住了两年。1925年他来到了萨拉索塔，其目的是利用佛罗里达州繁荣的社会背景，为约翰·林因（John Ringing）建造一座具有建筑师德怀特·詹姆斯·鲍姆（Dwight James Baum）威尼斯风格的宫殿（豪华型的宫殿）。特威切尔还设计并建造了一些带有

船屋，拉尔夫·特威切尔，1937年

后来流行的、复苏地中海风格的豪华住宅。在1926年这种风潮结束时，特威切尔正在为一些高素质的委托人在东北部设计和建造一些带有强烈的历史感和文化传统的住宅。1934年他的一位委托人在《好的住宅和花园》一文中写到："或许可以这样形容：特威切尔先生仿佛是一间建筑的商店……他能够做任何一件事情。他拥有独特的组织能力，与此同时还亲自从事住宅建设中的全部工作——设计、签订合约、实际施工、景观规划、内部装修，以及所有剩下的一切工作——他这样做只是为了降低整个工程的预算。"[22]

从1936年起，特威切尔将他设计和建造的实践重点全部放在了萨拉索塔上。佛罗里达州的建筑类型是装饰派艺术风格，这主要是因为其周边是迈阿密海岸，而且条状的窗户、周边环绕的小角落和三角形的装饰品也加强了这种效果。特威切尔利用了大众设计语言来表达他对气候和文化传统所抱有的理念。一个很突出的例子是1937年他在路易丝湖的建筑作品：船屋。这座住宅是一个平面的集合体，它的墙面是完全按比例组成的，轮廓线向前延伸，它的一部分正好位于路易丝湖的边缘，看起来似乎是一条停泊在岸边的小船。管状的轨线环绕着阳台，在起居室里还可以看到醒目的轮船驾驶机轮。[23]这个设计方案从表面上看是建立在勒·柯布西耶从轮船设计得到的灵感基础上的。为了追求真正生活在水边的想法，特威切尔将佛罗里达州无所不在的水边住宅类型放回了真实的自然环境中。

在那个时期，对于住在佛罗里达州西海岸的人们来说，生活在很大程度上是被周边的自然环境支配的。尽管存在着酷热、潮湿的问题和蚊子的干扰，佛罗里达州仍然可以被认为是拥有温和的气候、有着天水一色的景观和特有的恬静田园生活的天堂。正如其他人一样，特威切尔有无限的兴趣想要栖息在这个天堂。但是相比其他的人，特威切尔更发现了在物产丰沃的佛罗里达州，还存在着具有某种吸引力的荒野地带。这些荒野地带吸引了他的注意，他想重新规划荒野，而不仅仅是征服荒野。他能够做这样的计划很大程度上是因为他对住宅的设计和对住宅的实际施工都有着很强的控制力，这包括地基的规划和相关地区的规划。在那个年代，整个行业并不认同建筑师参与施工的做法。1938年，美国建筑师学会吊销了他的会员资格。由于建筑师学会成员与没有职业资格的人之间总是有着私下里专业上的联系，所以特威切尔从未担忧过他的开除事件，这也并没有成为他发挥创作能力的负担。1976年，在他逝世后的两年后，美国建筑师学会推翻了原来吊销其会员资格的决议，并对他作为一名建筑学家和建筑师给予了很高的荣誉，并授予他"荣誉建筑师"的称号。[24]

在20世纪30年代的末期，萨拉索塔吸引富有的、具有进取精神的人们到此作季节式的暂时居住，并发展了具有意义的萨拉索塔的独特文化。特威切尔将自己定位为为这些特殊的新居民提供建筑服务的建筑师。他在战前的办公室位于萨拉索塔的中心商业区,这座建筑是现代化亚热带建筑形象的代表之作,曾经有人描述其为强调了蓝色和绿色的"令人目眩的苍白色。"[25] 特威切尔在他的作品中将现代主义的脆弱感和他对颜色及物质化的浓厚兴趣结合在了一起。在回应萨拉索塔的本地文化传统时,他相信装饰其办公室的绿蓝色是对佛罗里达州天空和海湾颜色的回应。[26] 在特威切尔和鲁道夫合作建造的住宅中,顶棚都被油漆成这样的颜色,以强调内部空间与外部环境一致的感觉。

伙伴关系

第二次世界大战之后,保罗·鲁道夫回到了佛罗里达州,继续为拉尔夫·特威切尔工作。而没有像许多他的同代人那样呆在东北部的城市中。鲁道夫在后来是这样解释的:他感觉"为那些想要安第二个家的委托人服务是很有成就感的事情"。他还补充说:"对我来说,现代主义建筑在炎热的地区要比在凉爽的地区能做更多的事情。"[27] 正是由于特威切尔,鲁道夫得以看到自己设计的方案成为现实的建筑物。

总体来说,鲁道夫承担公司的全部素描工作。尽管特威切尔本人就是一名很有能力的设计者,但是在他发现鲁道夫拥有罕见的设计才能时,他就利用了这一点。他像对待在这个领域为他工作的其他人那样隐匿了鲁道夫的才能,他和委托人们打着交道,并在整个社区代表着公司的形象。尽管在某种意义上他扮演着父亲的角色,鲁道夫还是在能力和独立性方面有了快速的进步。1947年,特威切尔将鲁道夫吸收为合伙人,并在物质上给了他奖赏。在1949年鲁道夫在哈佛获得周游欧洲的资格后,特威切尔用完全的合伙人资格表彰他,这样原来的拉尔夫·S·特威切尔建筑师事务所就变成了特威切尔和鲁道夫合伙建筑师事务所。[28] 1950年鲁道夫得到了他在佛罗里达州的从业资格证书。[29]

我们可以想像这样两个很具实力的人物同处于位于萨拉索塔海岸线堰洲岛上的小办公室中的情形,他们创作出了当时最先进的建筑作品。这两名建筑师所拥有的建筑才能和兴趣形成互补,他们合作创作出的成果要比他们单独创造出的成果大得多。鲁道夫负责设计和绘制素描图,并制作十分精细的表现图。他以超常的速度设计和绘制素描图,希望能在很短的时间里将一个接一个的想法表现出来。鲁道夫在素描板上工作,在设计方案被建成实物后马上接着开始另一项设计工作。其结果是他对工艺性质的工作很不耐烦,因此在施工过程中,妄加设想的东西和一些错误就不可避免的出现了。对于鲁道夫,设计的理念才是最重要的。[30] 相反地,特威切尔的优势在于建造房屋,他的兴趣在建筑材料的物理性质、工艺和细部。他们合作创造的作品总是有很强的物质外观,使用涂过漆的柏木和浓重的颜色。而这些元素在鲁道夫独立完成的作品中是很少见的,他的作品总是原木色的,更加注重线条和空间的使用而非材料的使用。鲁道夫在佛罗里达州后期的作品总是使用白色和灰色的阴影色,这样拍摄后的效果就是白色和黑色了,相比与特威切尔合作的色彩浓厚的作品,他独立完成的作品更加鲜明和轻快。[31] 由于特威切尔对直接的现象学实践比对设计图和表现图更感兴趣,所以在他们的合作过程中十分强调实际的建造和施工。

拉尔夫·特威切尔

保罗·鲁道夫

可以用他们合作设计的住宅方案来描述保罗·鲁道夫整个建筑事业生涯的模式：

对在一系列的设计方案中体现了其对正式性结构理念的兴趣。通常地，在三个或四个理念的重复之后不再有继续的话，那么一套新的主题和变量就会对这种理念开始更新。特威切尔最初系列的特征是：色彩厚重的、柏木建造的开间，在横向构架的顶端利用木质托梁，还有在这之后使用的舌榫拉线木质甲板。混凝土浇筑、平屋顶的住宅是另一个系列，这一系列紧跟在全封闭的木质托梁系列后。钢材质地的硬壳屋顶和拱状的三合板系列可以推断出是这种合作关系的试验品。这种模式表达了鲁道夫对建筑形式和其视觉效果的关注和思考。从这个角度考虑，他运用早已概念化的设计方案形成特别的设计图，并且考虑到了地点和项目的特殊性。他也敏锐地捕捉到了佛罗里达住宅建筑革新的必要性。他不得不创作出新的作品，而这些建筑必须有新闻价值，这样就可以在建筑杂志上刊登出来。

虽然特威切尔和鲁道夫雄心壮志地想要发展一种新型的、可以被广泛传播的住宅形式，他们实际的作品仍然很小而且针对性很强。一些住宅，如为路易斯·德曼（Louise Denman）设计的房屋，是专门针对有钱的委托人冬季度假服务的，它的功能是为客人提供短暂的休假和娱乐。这些季节性的住宅夏天是空锁的，装配连成一片巨大玻璃的目的是为了在住宅主人回到他们在北方的住处后抵御夏季的飓风。哥斯特住宅，例如为马里恩·米勒设计的一些住宅，房屋尺寸都非常小，而且要求的功能也很少，这样他们就没有发挥建筑理念的自由空间了。拉塞尔住宅是专门用于长期居住的优秀住宅的例子。这是专门为一个有5个孩子组成的充满活力的家庭设计的，在这里有游泳池、航海船滑板和功能性的厨房。

特威切尔和鲁道夫建造的住宅中有相当惊人的部分是为了满足"自己人"的要求而设计的。特威切尔住宅就是为他第一位夫人和孩子设计的。芬尼·格斯特住宅是为他第二位夫人罗伯塔·芬尼设计的，在同样的地区里维尔住宅里，他度过了余生。希利·格斯特住宅是为罗伯塔的父母设计的。舒特住宅是为新婚的小夫妇提供的生活新起点；舒特是一个合伙人建筑师事务所的工程监理。委托人和建筑师之间的亲密关系使得委托人更加同情建筑师关于现代主义建筑的理念。

正像经常经历的那样，失败总是和成功相伴而行的。在热天，希利·格斯特住宅和科沃德住宅拉紧的屋顶会发生形状上的改变，而蚕茧小屋的建筑材料不是防水的，因此这些工程不得不被返工[32]。另外，这些住宅并不总是按照委托人的要求在工程费用上能够节省一些。[33]特威切尔凭借着他迷人的仪表和卓越的个人魅力，总是具有非凡的能力使他的委托人相信，这些缺点是住宅不可避免的。年轻一代的建筑师还能记得他展示非凡魅力的一个例子：

> 我曾经听到拉尔夫向一位抱怨屋顶漏水的大人说道："当然它会漏水了，从未有人曾经建造过像您所居住的那样的房子，这在建筑史上都是独一无二的，您应该想到房子是会漏水的。"当他说完后，那位夫人非常高兴。拉尔夫在这方面十分有天赋。[34]

正当特威切尔十分喜欢在萨拉索塔居住和生活时，鲁道夫却想结束在这里的工作和生活了。他住在工作室，那里专门为他建了一间小的卧室和浴室。一位朋友回忆说，无论是白天还是夜晚当他从办公室前的长椅走过时，透过大的玻璃窗，总是看到鲁道夫在绘画板前忙碌着。[35]从1950年起，他的视野开始超出萨拉索塔，他经常到纽约旅游，并在各种建筑类学校演讲和授课。尽管我们并不知道他们之间合作关系破裂的直接原因，但是很显然在1952年3月鲁道夫离开并开始自己的事业之前，他们之间的关系已经很紧张了。几年后再见面时，他是这样解释他们关系结束的原因的："那段日子十分艰难。特威切尔比我大25岁，那间办公室太小了，我们的合作根本没有办法进行；无论是谁做的事情都会引起对方的妒忌。但是他给了我事业开始的机会，所以我十分感激他。这就是我喜怒无常的性情，我得面对这一点。现在我明白了，我将不会再和其他任何人合作了。"[36]这也是为什么鲁道夫能够向特威切尔学到任何他想学到的东西的原因。他从特威切尔那里汲取了有关技术、工艺及规划的经验，并且渴望探索新的方向。当他获得了独立的声誉时，鲁道夫拥有既能在建筑类学校授课，又能保持在萨拉索塔独立的建筑实践的能力，这些都很及时地使他有机会在其他地方获得更大的项目和发挥更大的影响力。

当鲁道夫继续在20世纪中叶建筑领域中最重要的工作中前进时，在1952年已经62岁的特威切尔开始逐渐衰落了，尽管他还通过自己的建筑公司继续参与萨拉索塔现代派住宅的建造工作。拉尔夫的侄子、施工监理杰克·特威切尔在20世纪50年代早期开始经营自己的业务。拉尔夫自己的建筑公司，建筑合伙人公司在以后的岁月中承揽的项目很少。对于正沉浸在第二次婚姻生活中的特威切尔来说，减少工作是很值得的。他没有同鲁道夫一起分享承担全国范围引人注目、规模宏大建筑项目的快乐，这是因为他在萨拉索塔修建现代派住宅的过程中已经得到了很大的满足，并且十分喜欢这里的生活。1950年，特威切尔用洋溢着年轻人的热情向来自佛罗里达大学的一群学习建筑的学生们这样讲述他对公司作品的成就和价值的肯定：

> 艺术在达到完美境界前总是处于它的发展最高峰的。就是在这个时期它挣扎着维护着自己，而这种维护取决于它的力量。伟大艺术的灵魂总是活跃的——因为有了具有生命力的思想而活跃。
>
> 那些我们今天认为是完美的工作在明天就会被我们抛弃。完成了的作品和组合成了的材料仅仅是基于它们生命的创造力的象征。真正重要的是灵魂——是那种我们称之为"事物精髓"的活跃的创造力。
>
> 千万不要勉强自己跟随任何人的建筑模式，在你掌握这些模式以前做你最想做的事情。进入创造和生产的灵魂中是一件多么有趣的事啊。突然之间你会发现你的设计方案是那么充满秩序和生命力，那么富有魅力，这时你就知道自己已经找到了感觉。你将在一件简单的作品中发现恬静——一种只有很少人才能得到的恬静。[37]

萨拉索塔位于佛罗里达州西海岸的中心,坦帕海湾以南

萨拉索塔的发展

当特威切尔和鲁道夫在萨拉索塔成功地建造了一系列住宅后，这个地区就开始远近闻名了，并且越来越繁荣昌盛。由于一些有钱的赞助商和投资者的存在，艺术界和体育界的赞助人和投资商对萨拉索塔也产生了浓厚的兴趣。在早期，萨拉索塔因其杰出的自然地理位置和对更广阔文化世界和商业世界的渴望，形成并发展了独特的世界范围内的发展合作氛围。该地区不断增强的宽容氛围使它成为了现代派建筑革新的基地。

路易斯·安德孟德逊（Edmondson）住宅是这个时期住宅建造中杰出的例子之一。照片左侧的那位妇女穿着那个年代流行的服饰，这种服装尽管在佛罗里达州酷热的气候里仿佛能使人窒息，然而却可以将蚊子隔离在皮肤以外，在某种程度上展示了时尚设计师的设计思路和当时的商业贸易情况。这座建筑采用了十分典型的木边镶嵌建筑手法，这种手法在美国的其他地区也经常可以看到，但是在这里为了适应佛罗里达州炎热的气候对其进行了一些改动。房屋的地面要比外面的地面高出几级台阶，这样安排的目的是为了避免潮湿和腐烂的问题，还有利于室内通风。大扇的窗户方便采光和通风，房屋周边的树木在建造过程中被保护了起来，可以遮蔽太阳光。门廊被设计在房屋的前方，这样就可以避免因门廊修建在屋里而有热的感觉。在凉爽的夜晚，门廊还可以成为休闲娱乐的社交场所。位于二层的阳台和卧室仿佛是整座建筑的附加成分，向凉爽的夜晚延伸开去。

安德孟德逊住宅，约于1911年

在20世纪10年代，萨拉索塔开始吸引越来越多的有钱人从北方来到这里游览、居住，他们中的一些，诸如芝加哥的波特·帕默（Potter Palmer）夫人、马戏团主约翰以及查尔斯·林因开始在这里置办产业并进行商业投资。所有"野心家"们的这些商业人才们形成了有活力的商业小组，想把萨拉索塔这片富饶的土地发展成为第一流的居住区，同时在这里提供一切有趣的娱乐休闲设施。他们开始致力于修建新的道路、桥梁和学校。他们吸引了一个棒球队来这里进行春季训练，培植了钓鱼训练产业，并且修建了高尔夫场地。作为他们在萨拉索塔商业发展计划中的一部分，林因家族将他们马戏团的冬季总部设在了萨拉索塔。1921年发生的两个事件使得萨拉索塔能够按照自己的意愿谋求城市的发展：第一件事是1921年7月，萨拉索塔从大的玛纳塔中独立了出来，这是因为独立可以建立地方性的政府，从而对本地的发展方向更有责任感；第二件事是同年的秋季，一场具有摧毁力的飓风袭击了这个地区，将城市沿海地区的建筑破坏了很多，这就为重建工作创造了良机。在城市商业区的北部重建了捕鱼房、船坞、航海设备和相关设施的贸易交易处，海湾的前部被改造成了一座公园，这座公园的外壳是带状的，传达出这样一个信息：萨拉索塔吸引消费者注意力更多靠的是它美丽的景观，而非它出产的鱼类、农产品以及其他商品。[38]在20世纪20年代佛罗里达州日益繁荣的时期，旅馆业、银行业、商业、体育运动以及住宅建筑业都得到了发展。其结果是萨拉索塔在全国范围内找到了自己的位置，尽管曾经计划好的许多雄心勃勃的项目在20年代没有来得及实现，等到1926年之后这些项目也不得不被放弃了。[39]

这个时期引进了一些可以进行本地化改变的建筑模式，主要有地中海式、西班牙传教会式等。这些建筑主要原材料是石头，其目的是想要唤醒地中海式建筑的历史感。这种建筑手法在当地被用于市场的建造上，从而加强这样一种概念：萨拉索塔是一个富有魅力、但却沉稳持重的地方。[40]正如从20年代为怀特费尔德房地产公司做的广告中看到的那样，在拉尔夫·特威切尔作品基础上发展起来的这座建筑，地中海式的建筑风格被表现得奢侈豪华、通达世故。这些建筑对经济宽裕、爱好时尚的人们吸引力很大。那些看起来很古老的建筑物，也烙印了文化长期发展的痕迹。这种建筑风格以其魅力和异国情调吸引着人们涌向萨拉索塔，并以其忠诚和稳定吸引更多的投资。

右边的航空鸟瞰图是Siesta Key地区的住宅景象，它代表了典型的萨拉索塔繁荣时期的住宅景象。石屋结构被建造在界限清晰的、充实的、周边环水的岛屿上，从照片上我们可以看到带有异国情调的大叶树像地毯一样覆盖在岛屿上，配合周边的景色形成了独特的热带风景，迥异于当地感觉十分密集的景致。规划师和建筑师的目的都是为了在改造表面上还很荒凉的本地小岛的同时，创造一种幻想式的生活环境。在这种发展风潮之后，在这种地中海式的房屋中的实际生活就成为了现实问题，而这种风格式的住宅的缺点也变得越来越明显。在战前，特威切尔在该地区用自己的话描述了萨拉索塔早期设计形式存在的问题。他号召发展一种试图使之发展起来的新的建筑风格，即在自然环境中生活的新方式。在题为"萨拉索塔将往何处去"的论文中，特威切尔提出了他自己的想法：

> "繁荣"时期的建筑作品在形式上都是地中海式的，倾斜的屋顶，墙体都是石质的。没有人关注佛罗里达气候的显著特点。地中海式建筑形式是半热带、多山、干燥气候的产物。而佛罗里达州既不多山也不干燥。温暖的海风给佛罗里达带来了相当潮湿的气候。地中海式建筑厚重的墙体、小的通风口、封闭的小空间和封闭的屋顶能够满足其发源地的要求，但是却无法满足佛罗里达州的要求⋯⋯
>
> 不断增长的空气潮湿度唤醒了将外界环境作为私人住宅中的一部分的可能性——即将户外的生活和室内的生活完全地结合在一起。
>
> 萨拉索塔夏季的海风在白天时从西面吹来的，在晚上是从东面吹来的。冬季从南面和东面吹来的海风是温暖的，从西面和北面吹来的海风是寒冷的。在冬季太阳在我们的南边，而在夏季，太阳几乎在我们的头顶。冬季很少有雨水，而夏季降雨很丰富。高的潮湿度使得夏季的阳光格外柔和，海风轻柔，日落也十分眩目⋯⋯

上图：怀特费尔德房地产公司的广告，20世纪20年代

下图：伯姆时代房地产公司在Siesta Key的开发项目

> 萨拉索塔及其周边地区有着多样的、色彩丰富的迷人景致。拥有现代化设施的现代化建筑，是经过清晰的设计规划的，迎合了当今轻松的休闲生活的需要。萨拉索塔正是回答现代人对开放、自由生活模式——真正的民主生活——的向往的开始。[41]

左边的地图摘录于1940《萨拉索塔旅游指南》，它描述了在第二次世界大战前萨拉索塔的地理状况和已经发展起来的旅游景点和文化景观。[42]从图中可以看出，萨拉索塔对来自北方的游客已经有了足够的吸引力，而且对在战后的飞速发展充满了信心。

在第二次世界大战期间和第二次世界大战之后，有许多很有创作激情的人来到了萨拉索塔。艺术家、作家和建筑家形成的群体非正式地都聚集在萨拉索塔半荒凉的岛屿和小镇上的住宅区，形成了一个独特的社区。作为这个群体的成员他们同时又扮演着专业人士的角色，先是特威切尔后是鲁道夫参与了这个社区的建设。1935年特威切尔为卡尔·比克（Karl Bickel）设计了其房屋改建方案，卡尔·比克曾经担任过美国出版社社长，当时已经退休，他在萨拉索塔地区的活动也非常活跃。他为萨拉索塔撰写了一部很重要的历史《红树林海岸》。[43]1937年，特威切尔在Siesta Key承接了麦金勒·卡托（Mackinalay Kantor）的住宅设计工作，麦金勒因其小说《安德森维尔》（Andersonville）而获普利策奖。特威切尔和鲁道夫还合作为约瑟夫·斯坦梅茨设计了一间工作室，后者是《生活》周刊的著名摄影师。[44]

在战前拍摄的Siesta Key北部尽头的航空鸟瞰图表明尽管在其前部有很明显在繁荣时期被改造过的痕迹，但是整个岛屿仍然保持着其原有的形态。在岛屿的右半部分（西部），路易斯海湾蜿蜒前行汇入红树林和灌木丛中。这一片区域成为了芬尼住宅、里维尔住宅和蚕茧小屋的建造地，以及科恩住宅的所在地。从概念上讲，相比古老、雄伟的建筑风格，每一座现代主义建筑都会在建筑本身和周围环境之间建立某种感性的相互作用的互动关系。通过场地设计、尺度、建筑形式的简化、色彩的运用、移植和质感，特威切尔和鲁道夫合作完成的每一个作品都很新颖，不仅具有当地特色，还是现代主义建筑的典范，而且他们设计的住宅与萨拉索塔自然环境之间的关系十分亲密。

右下角的照片（p41）拍摄的是里维尔住宅的庭院，它体现了特威切尔与鲁道夫在处理建筑与自然、建筑与文化传统之间的关系过程中，其建筑理念发展的成熟化。和以前萨拉索塔建筑风格截然不同的是，这座建筑对天空、草地和水面是开放的，并且将天空、草地、水面与建筑本身融合成了一体。在庭院的中间是一片绿草地，看起来仿佛就是一块地毯或是一块软垫子放在草地上。不同于安德孟德逊住宅作为新定居者住宅的建筑风格，也不同于在广告中吸引投资者住宅的建筑风格，里维尔住宅表达的是生活在气候温和的佛罗里达州所感受到的轻松、平易近人的氛围。征服自然的想法被抛弃了，萨拉索塔支持者的精力和抱负中的大部分从这种宁静的景象中转移到了用简单化的艺术品填满整个地区。

但是这并不意味着特威切尔和鲁道夫在他们的创作中没有取得进展。里维尔住宅是一件建筑精品，事实上在它完工后曾经有16000多人去那里游览观光过。[45]但是不同于地中海式的建筑风格，具有这种

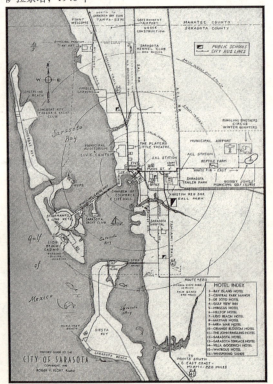

萨拉索塔，1940年

风格的住宅曾经被当地的商业社会接受并推进其发展,特威切尔和鲁道夫的建筑作品在萨拉索塔建筑界和商业领域没有得到广泛的支持。1950年特威切尔陈述道:

> 我是最早的里维尔住宅修建组的成员之一,我发现建筑和施工的影响因素并不像已经被证实的那样,而在很大程度上取决于大众对建筑的感觉。一些人会看到建筑所代表的意义所在,"一个安静的天堂",而另一些人(尤其是一个F.H.A.代表描述道)则认为它会使人疯掉。它可以引起大众的欢呼,将注意力的中心吸引到F.H.A.上来,引起这个地区所有组织的抵制。[46]

产生这种现象的原因部分是因为像里维尔住宅这样的小型建筑模式与房地产消费市场中大部分人持有的强烈物质欲发生了冲突。他们认为购买地中海式的住宅,是将钱花在了实实在在的大块土地上了,而且还有做得很精细的细部和装饰得很豪华的外观。相反地,特威切尔和鲁道夫设计的住宅是开放式的,尺寸很小,且与周围的环境合为一体。对那些不欣赏这种风格的人来讲,这些房屋太小了,所以他们也不会花钱去购买。

特威切尔和鲁道夫的建筑作品为萨拉索塔的发展提供了一个新视野:在这里人类和自然应当以一种新的方式相处共存。我们可以以将里维尔住宅发展项目和弗兰克·劳埃德·赖特所作的广亩城市作一个比较,在后者中遍及全岛的低密度的住宅区规划是由数量不断增加的、无所不在的汽车提供支持的。赖特、特威切尔和鲁道夫都提倡建筑师在目的清晰的基础上考虑好这种大规模设计的必要性。在考虑到城市和佛罗里达西海岸之间没有尽头的林荫路时,这种将建筑、汽车和周边环境融合在一起的设计方案是十分乐观的。建筑师的使命,部分是由社会推动的。他们探索着提供一幅可以被普遍接受的蓝图,他们认为这样的蓝图是符合萨拉索塔现代主义的生活模式的,并且同时提供了相应的建筑作品。

在兰蒙里斯克住宅区设计中,鲁道夫第一次有机会设计一组相邻的住宅。他开始探索组合而成的视觉效果,努力借用住宅外部的空间扩展住宅的范围,以及在开放性和私密性之间寻找建立平衡的方法。有人说服他接

上图:Siesta Key 的最北面,1940 年

下图:里维尔住宅,1948 年

里维尔住宅扩建部分，1948年

受了在城市发展的过程中，典型的纵队式建筑群是可以被改进的这一思想。然而除了建筑师，还要说服住宅的主人和委托人接受这种想法。通常地，房地产的实践随着市场接受变革数量的增加而增加，但是鲁道夫想要通过改变住宅的位置来改变人们的旧有观念。他和特威切尔都认为这种方法论是达到更好、更适合现代生活的途径，他们认为这样的观念应该可以被市场接受，是一种更好的解决方案。所有的建筑师和委托人都需要被鼓励和被承认。1948年8月发表的论文《一次建筑领域的论坛》谈到了J·E·兰姆比赞（J.E.Lambiezai）在改进这种设计理念中面临的挑战：

  因为这些房屋是同时代建筑师们在设计革新上的第一次冒险，他在接近这些建筑时心里是带着某种敬畏之情的。非正式的起居室、在房屋前部和后部都有大片的草地，被证明是很大的败笔。在给一位建筑师（兰姆比赞）的信中，他承认："你可能会把我们看作是道德上的老鼠，而根本不是人类，但是将最初设想的计划付诸于现实是一个斗争的过程，这时在心里升起了许多微弱的声音反对自己这样做。"

  兰蒙里斯克住宅是在选择地点方面从概念迈向实践的重要一步。在经过改善之后，它赢得了积极的评价，尽管兰姆比赞在这之后没有再重复它的建筑特色。然而，混凝土的建筑，通常表现为钢材支持的混凝土石屋结构在当地的民居发展中成为了标准化的模式，由于这种模式在建造过程中需要有大范围的开放空间，所以在玻璃上的花费很高。

  第二次世界大战之后，萨拉索塔的住宅建筑风格处于一个过渡阶段，我们可以在斯坦梅茨工作室拍摄于20世纪40年代末期的照片中看出这一点。这张照片表现的是一间位于人行横道末端的房屋。简单经济的混凝土砖墙形成了厚厚的墙体，这一点很像1941年早期特威切尔设计的住宅。相反的是，这座建筑的结构十分紧密，有着传统尽管相对较大的窗户，其开放的效果要比整座墙体都是玻璃制成的效果还要好。

  在20世纪50年代末期，萨拉索塔地区的建筑工业已经发展起来了，其住宅风格和市场策略在吸收了特威切尔和鲁道夫曾经倡导的观念后，吸引着战后新一代的季节性住户和永久性住户；但是他们丢掉了许多利用自然景观建造住宅的设计理念。伯德·凯（Bird Key）是一个在1960年挖掘后再建的粗放型项目，这就是为其所做的广告。原本在萨拉索塔海湾中间的红树林小岛被改造成了向前爬行的房屋。我们也可以想像得到这样大型的住宅项目中没有休闲可言，某种程度上在里维尔住宅的照片中记录着吉普赛人在萨拉索塔的生活方式,在这里,一群伯德·凯居民,展示着他们的全套物质装备:穿着闪亮的新衣服,住着装有空调设备的房屋,开着汽车,似乎是在去排外的伯德·凯游艇俱乐部进餐的路上。在萨拉索塔的这种以物质为特征的优裕生活和几乎40年前的20世纪20年代广告中所展示的优裕生活一模一样。

这张关于伯德·凯建筑的照片显示了对现代主义低吊索建筑风格的革新,尽管在这里采用了贴着瓷砖的屋顶设计和突出了石质的入口。房屋里有连成一片的大块玻璃,而且毫无疑问在房屋的后部还有一扇玻璃滑动门,可以通过它看到屋外的水面。特威切尔和鲁道夫把巨大的可活动的玻璃板引入了萨拉索塔,他们早期对玻璃板的使用是为之配上木质的框架、很小心地注意了细部的修饰。到了这张照片的年代中,铝制边框的玻璃滑行门已经在当地的生产线上被大批量地生产了,而且有着标准的尺寸。[47] 现代的建筑师们,通过定义早已将其作为工业化时代房屋建设的象征了,1936年特威切尔在《萨拉索塔交流者》的文章中,这样表达了他对自己在萨拉索塔开放式办公室的兴趣:

> 建筑……在人类其他必需品都可以用机器生产出来时,仍然还处于"手工制造"的阶段。我们并不喜欢"标准化"这个词……但是如果我们想要在房屋建造上取得效率,就必须利用标准化的手段……但是正如当今我们中的少数人那样,可以按照要求定制外套和衬衣,我相信,"消费者自制"房屋成为特殊现象的时期正在来到。正如那些最好的服装设计者是为拿着就穿的人工作一样,最好的建筑师应该将他们的才能运用在工厂式的建造房屋上。[48]

20世纪50年代和60年代住宅的建造业得到发展的时候,当地现代派建筑师中只有一部人被邀请从事设计工作。鲁道夫独立设计了一些这样的住宅,但是他作品中鲜明、严肃的特征并没有表达出市场或广告中所宣扬的现代人渴望的生活方式。到20世纪60年代,特威切尔和鲁道夫的早期作品在追求极端的简练和开放性的过程中所表现出的热切渴望被认作是相

上图:斯蒂梅茨工作室,1947年

下图:Bird Key 扩建部分广告,约在1960年

当天真的了。他们显得并没有感受到萨拉索塔对发展经济和繁荣物质生活的强烈抱负,并且被大家认为越来越离群索居了。

当然,鲁道夫的作品并不天真。作为建筑学原理、建筑环境和当代文化的敏锐观察家,鲁道夫在他整个建筑事业的生涯中严格实践了现代主义。也就是说,他不断地工作,是为了解释、发展和革新现代主义建筑。因此他在为委托人建造一座符合当时需要和委托人期望的房屋时总是面临着挑战,而总是在同时解释和运用建筑的新理念。当经济发展日渐统治了萨拉索塔的生活时,委托人和整个社会对现代主义向前发展的新思想的兴趣日渐减小,花费在上面的时间也更少了。在20世纪60年代,从20年代发展起来的低拱顶石艺术潜在文化的影响力和支持当地现代主义建筑的文化氛围衰落了。一部分建筑师,像鲁道夫,搬离了萨拉索塔。但是,关于早期发展的记忆,关于那段时期他们对萨拉索塔准确定位的帮助是永远被保留着的,而且萨拉索塔依然定位自己为艺术家的社区,同样也是这样做市场宣传的。现在对地区性现代主义建筑的探索仍在继续,尽管相比战后时期在规模上有了很大的萎缩,文化影响力也大大削弱了。

设计、技术和工艺

特威切尔和鲁道夫成功地设计和建造的住宅是诗意而平淡无奇地利用原材料和建筑技术的直接结果。特威切尔发展了使用一种佛罗里达州奥卡拉制造的石灰板的方法,这种石灰板是由粉碎了的石灰石加工而成的,因此呈现一种讨人喜欢的浅黄色。这些石灰板叠放形成垛,钢制的框架作为支撑,框架和石灰板之间浇灌着薄泥浆,以使两个部分联系在一起。房屋墙体的外面涂着硅,其目的是防止水的渗入。内部的石灰板没有镶嵌在一起,墙顶部和地面上的通风口在厚重的墙面上制造了几个小洞穴。[49]这种结构安排使得无时无刻不存在的潮湿和蚊子可以通过通风口进去再出来,因此将因湿热天气引起的发霉问题和蚊虫的聚集问题降至到了最低。这个设计方案代表了特威切尔对当地气候特殊性的理解,并直接诠释了赖特的纺织板技术,这种技术是20世纪赖特在加利福尼亚的房屋建筑中发展起来的,并在佛罗里达南方大学中得到过应用。在石灰板墙壁功能复杂操作的下面实际上隐藏着一个很简单的原理:使用的结构也用作已完工的、不用修饰的表面。不考虑所处位置,石灰板有相同的外观,因此外部空间和内部空间看起来像是同一整体的两个部分。通过这样的安排,外面的花园就如同屋里的空间一样,感觉是房屋的一部分了。

为了抑制奥卡拉石灰板平面性质的凸显,特威切尔和鲁道夫具有表现力地使用了木材的线性特征,尤其使用了裸露着纹理的红心柏木。这种当地木材有着很深的颜色和紧凑的结构,格外美观,而且富有厚重感,另外它还具有很强的抗腐蚀能力,这在潮湿的佛罗里达州是非常必要的。在当时,古老的柏树生长在佛罗里达的沼泽地里,而且非常丰富,所以特威切尔可以指定要红心的品种,这种柏木结构紧密,颜色均匀而且没有节点。在以后的日子里,这种木材被用尽了,正像其他一些古树一样已经灭绝了。图（p49）来自赖特的于桑年住宅的启示，由铺设在地平面的一块巨大混凝土厚板组成房屋地基和地面的方法在工业化住宅建筑中发展了起来。采用这种技术建筑的房屋，其内部空间和周边的环境处于同一平面上，从而和室外的空间直接发生联系。

在戎森伯姆住宅的设计中，赖特利用装有合页、镶满玻璃的屋门制造了内部生活向外部空间开放的效果，镶嵌在门上的玻璃尺寸都很小，以达到开放和封闭、光线的获取和反射之间制造和谐效果的目的。特威切尔和鲁道夫对这种做法进行了改进，他们使用以柏木为框的大块玻璃，在结构柱之间制造了完全开放的效果，这些玻璃悬挂在集中于屋顶结构的滚轴上。我们可以将这种平面的玻璃板和1928年勒·柯布西耶设计的萨伏伊（Savoye）别墅中使用的巨大的、用曲轴控制的滚动玻璃墙作一个比较。[50] 两种结构都从环绕的状态被分散地连接在一起，使整座建筑具有一种新的、轻松的、流动的感觉，并且将内部空间和外部空间更好地结合在一起了。

特威切尔和鲁道夫住宅中最引人注目的设计手法就是使用了大块的玻璃，正如实际效果表明的那样，在私人住宅中制造了前所未有的透明效果。一位装饰艺术派的建筑师，伊莱克特斯·利奇菲尔德（Electus D.Litchfield）参观了特威切尔和鲁道夫的作品后，在1948年2月写给《建筑论坛》的编辑的一封信中谈及了使用这些大块玻璃的效果：

> ……很坦白地讲，在地产肥沃的热带地区佛罗里达州……传统建筑师极端厌恶的东西在特威切尔和鲁道夫看来是值得被赐福的。当然，在我们看来还有没被人探索过的心理上的问题，在路过的行人无意地向屋中张望时，屋内的人或许会觉得处于被人监视的境地；居住在其中的人会发现在脱衣服时不得不总把窗帘拉住或把百叶窗放下——除非我们还处于伊甸园时期坦白和朴素的时代，但是这种时代已经过去了。
>
> 大海瑰丽的景致和业已成为住宅一部分的花园景色装饰了房屋本身，但是或许这种装饰有些过分了，除非对此视而不见，否则在这里居住会觉得对生活的兴趣更小了，因为你可以立即得到最好的东西……

伊莱克特斯·利奇菲尔德看起来对居住在一间玻璃屋中感觉不知所措了。在复杂的现代世界中，居住在这样一种开放的、纯洁的、优雅的理想中的房屋中是否是可能的呢？特威切尔和鲁道夫试图为佛罗里达州规划一种舒适、简单、对自然界完全开放、完全享受生活的生活模式，然而这种追求实际上看来是浪漫主义的、乌托邦式的。

玻璃被认为是一种应该减少使用的材料，取而代之的应该是更加不透明的材料。由于其具有的透明性和细节性，制造出来的玻璃看起来仿佛并不存在。例如在赛格瑞斯特（Siegrist）住宅中，大块的玻璃嵌入结构的各个组成部分中，在适当的位置与红色柏木的节点相扣，在顶棚上的每块舌榫之间也镶嵌着

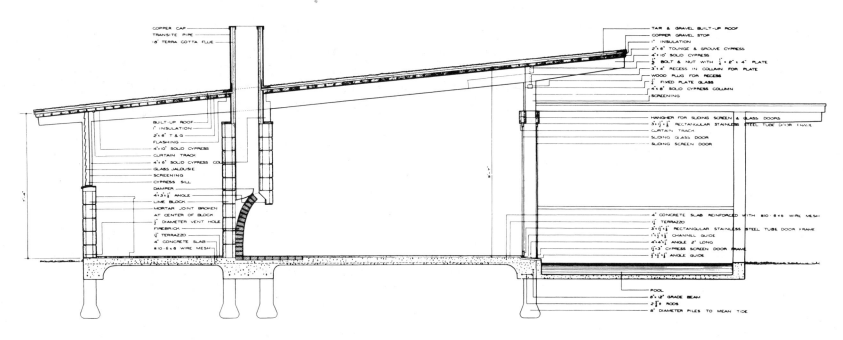

上图：赛格瑞斯特住宅，部分
左图：赛格瑞斯特住宅，夜景

玻璃。通过这种方法从外观上看玻璃的边缘被消化了，营造了内外部空间一致的效果。这与传统中将玻璃细节化的做法截然不同。传统做法中玻璃和墙体之间用带有装饰性的嵌线边框连接，这就强调和凸现了内外部空间的界限。

特威切尔和鲁道夫试图尽力避免使用装饰和嵌线，因为他们感觉这些会干扰从空旷开放的平面和结构中传出来的感情。特威切尔将其描述为对建筑的根本改变："现在我们不再装饰了——我们正处于新时代——这是属于空气的年代，我们享受着阳光、土地绚烂的色彩——这不是新的生活模式而是一种新的基本理念。这种生活被一种全新的精神统治着。"[51] 在注意到了诸如此类、规模与和谐等基本元素之后，建筑的美丽之处就不再需要装饰物来表达了。如果这种伊甸园式的生活态度应用于建筑领域，我们居住的住宅建造也应该如此。在不需要掩饰的房屋中可以达到一种新的（古老的）简单、和谐的生活境界。

弗兰克·劳埃德·赖特的于桑年住宅，在临街的一边使用了厚重的砖墙，但是在房屋的背面却完全向私人拥有的外部空间开放。从这种意义上讲，赖特对自然开放的本质是对私有领域的开放，是对公众领域保持小心翼翼观望的开放。与此截然相反的是，当我们观察特威切尔和鲁道夫设计的赛格瑞斯特住宅时，我们会发现这座建筑对外部开放的最主要的一边正对着街道。战后孤陋寡闻的房屋建造者们将"画面的窗户"当作住宅前面设计中的重要因素，人们可以通过窗户的小框看到充分装饰过的起居室、家庭生活和Rockwellian雕刻艺术品。不同于这种偷偷摸摸的瞭视，赛格瑞斯特住宅是完全对外开放的，它向外界展示的是未经任何"剪辑"的家庭生活原景。在一张赛格瑞斯特住宅起居室夜景的照片中，我们可以看到窗户上惟一的窗帘还是网状的。鲁道夫使用"戏剧性的薄纱"来形容他所渴望达到的效果。因此即便是在黄昏，这些窗户对家庭生活场景的遮掩也仅仅是微弱的——住在这样房屋中的人们的生活可以被当作戏剧一样观看。

特威切尔和鲁道夫明白玻璃透明性在不同的光线条件之下的不同表现，因此在设计中按照不同的设计要求对其进行使用。在白天对赛格瑞斯特住宅拍摄的一张照片中我们可以看到，当向起居室观望时，看到的仅仅是外部环境影像的折射。另外，在宽阔的屋顶遮盖下，很难将内部空间的特点表达出来，进入镶嵌了玻璃的后墙的光线将内部空间的特点用剪影的形式进行了表达。在这座建筑中，第一次在封闭的前庭中使用了玻璃，并且用一种新的定向方法在华盖进口建造了悬梁。在许多住宅的设计中也将周围的环境作为房屋功能的一部分，例如在德曼住宅中，将周围的森林作为房屋外部空间的围墙。因此，佛罗里达州的房屋建筑并不是鲁道夫经常所说的"水缸中的金鱼"。相反地，在其设计过程中，各种设计元素的综合使用制造了开放性和封闭性、可观察性和私密性、不断变化和不断调试之间的动态平衡。

这些关于设计和技术的新想法大部分是通过拉尔夫·特威切尔的建筑公司变成现实的。建筑合伙人公司参与了建造过程。尽管专门的技术是由技术人员诸如管道工和电工提供的，建筑过程中的绝大部分工作都是公司员工完成的。由于奠定地基、勾画框架、铺设石板、安置玻璃、修建壁橱和内嵌的设施都是由同一批人完成的，所以整座建筑在风格上具有非同凡响的统一性。的确没有其他别的办法来完成这种工作了，没有谁能像他们那样能够将所谓"粗糙的工作"掩盖得这样好。

工程负责人乔治·舒特（George Shute）回忆说，鲁道夫承担了从设计捣毁到素描图的一系列工作。在项目进行过程中，他总是试图将建筑结构悬浮在空中，并且坚持所有的建造工作必须要严格遵循设计图纸，而全然不顾与他合作的其他人的劝说和警告。以他们或许根本不知道的途径，特威切尔和鲁道夫充分依靠富有智慧和理解力且建筑感觉很好的工匠们来完成他们自己的设想。与赖特像学徒一样20世纪30年代开始起确保每次施工都在现场的做法一样，他们的初衷都是为了更忠实得完成自己的设想。[52]

詹姆士·斯特劳德（James Stroud）是一名工程监理和一名技术娴熟的住宅建造者。他最有价值的能力就是能够对住宅建造过程中的细节进行很好地把握，另外他还能够从整体把握工程的进展。斯特劳德在20世纪50年代和60年代同萨拉索塔一家著名的建筑公司签订了合同。他负责修建了鲁道夫设计的几个工程项目，例如三趾鹬海滨俱乐部和戴维斯·哈卡维（Davis Harkavy）住宅等，他在菲利浦·希斯（Philip Hiss）在利多海岸的发展规划项目中承建了26座住宅。斯特劳德还是塔斯汀·弗雷茨（Tastee Freez）和其他一系列未能以建造、但却已经做了投资的住宅项目承揽人。

20世纪30年代，杰克·特威切尔在康涅狄格州为他的叔叔工作。战争期间他服完兵役后，在为其叔叔继续工作之前，曾经在萨拉索塔开了一家海洋设备商店。无论是个人性情还是所拥有的技能，杰克·特威切尔都是一名完完全全的工匠。詹姆士·斯特劳德在与杰克一次接触后，印象十分深刻地记住了这个年轻人的认真与仔细，甚至他的工具箱都像医生的医疗包那样被整理的十分整洁。很明显杰克对特威切尔和鲁道夫本人都难以控制的脾气有很好的免疫力，他可以让这个组织安静稳定下来。当他知道了鲁道夫对在屋顶上安装可以活动的覆盖物很感兴趣的时候，他在自己的住宅顶上设计并建造了一个改进的屋顶系统，这种屋顶装置可以随着季节的不同进行调整。在他设计的屋顶上，木质的边框把玻璃围绕起来，并像可折叠的物品那样层叠在一起，向顶棚凹陷下去。在为这种建筑结构的革新感到骄傲的同时，他和他的工人们还对其细部上装饰和原材料的选用感到相当满意。[53] 从20世纪50年代起，杰克·特威切尔拥有了自己的公司并为当地的现代主义建筑师建造了很多座住宅，其中包括杰克·韦斯特（Jack West），威廉·瑞普（William Rupp）和赛伯特·E·J·蒂姆（E.J."Tim" Seibert）。他和伯特·布朗斯密斯（Bert Brosmith）一道为保罗·鲁道夫工艺精良地完成了沃尔特·伯克哈德（Walter Burkhardt）的建造工作。

当地的建筑师们与大众

当现代主义在战后的美国成为共享的建筑表达理念时,对住宅现代主义的设计方案和建造技术的兴趣也随之发展了起来,特威切尔和鲁道夫的作品紧紧抓住了建筑从业者和建筑学界对现代主义的憧憬和想像。收录于本书中绝大部分的项目都曾经在一家或几家建筑周刊上刊登过。拉塞尔住宅曾经上过《建筑实录》的封面。米勒住宅是他们的第一个获奖作品,1949年它获得了美国建筑师协会评选的最有价值建筑奖。里维尔住宅在《星期六晚间邮报》做过广告,而且不下8次地在建筑类周刊上刊登过它的照片。[54]

这些建筑作品吸引了一批建筑专业的毕业生来到了萨拉索塔,他们中的绝大部分为特威切尔和鲁道夫工作,并继续他们的建筑风格。在各个方面:定义现代主义住宅特征的概念、工艺的组成、技术的经验等,特威切尔和鲁道夫都为教育和培训这些年轻一代的建筑学生作出了贡献。鲁道夫表现的更为慷慨,只要涉及的问题属于建筑学方面,只要这些年轻的建筑学生表现出了聪明才智和能力,他都会提供帮助。他依靠他们的技术完成整个工程,尤其是在他独立完成的工程中更是如此。在某种程度上,这些后来的年轻建筑师们取代了特威切尔在他们早期伙伴关系中的位置,充当了鲁道夫理想主义和因委托人、工程建造和成本预算等的存在而枯燥烦闷的现实之间的缓冲。如果萨拉索塔曾经有过他自己的一统天下的时代的话,那么这个短暂的时期就应该属于特威切尔和鲁道夫的作品受到关注的时期。那段时间萨拉索塔对建筑师的才能发挥有着极其显著的影响力。在那里有一种可以建造带有革新意味的新建筑的能力,有一种珍惜现代派艺术和现代派设计理念的文化氛围,而且这里的委托人允许建筑师对工程的完善。

由于特威切尔和鲁道夫对其作品的形式进行了非凡的表现,因此在考虑到与空间特征和周边环境特征的交流时,必须要发展一种具有表现力的、具有戏剧性的表现形式。例如在古尔(Goar)住宅项目中绘制的素描图,选择了位于下方的墙体作为基准点,尽管很仔细地描述了屋顶的结构,但是并没有将已经形成的空间表达出来,这就表明了透视素描图的重要性甚至必要性。鲁道夫开始成为设计和绘制透视素描图的能手,他在基准点的选择上并不固定,并且利用了没灭点。正如在古尔住宅素描图中,没灭点的使用将人们的视线带到了充满想像力的空间。这些技法的使用将刚完成不久的设计方案在没有完工的情况下就可以在报刊杂志上发表,而不用等着建造出来被拍摄下来后才能被印刷。

鲁道夫在佛罗里达州发展的这种素描形式在他的事业生涯中得到了不断地提炼和改进,他在白色的背景上使用完全的黑色线条和记号来勾勒草图,平面和阴影用线条小心翼翼地加以控制,而不是使用传统的实线画法。鲁道夫懂得线条干脆紧凑的素描图在杂志中会显得很清晰,即便印刷质量很差时,设计得好的素描图都会有很好的效果。在战后的建筑实践中这种手法被广泛地模仿着,他发现自己可以有更频繁的发言机会。鲁道夫还从格罗皮乌斯的实践中总结创作了用于教学的素描图,在教学素描图中他使用了理性的分析。这些素描图因其在教学环境中的清晰性而备受赞誉。例如赛格瑞斯特住宅和伯纳特(Burnett)住宅中多变因素的图像,可以用于描述该建筑的地点选择及结构、空间和封闭空间的结合。

以斯拉·斯托勒（Ezra Stoller）承担了大部分鲁道夫住宅作品的拍摄活动，从斯托勒职业生涯早期的作品德曼住宅到其晚期的作品米兰姆住宅，那时候他已经成了最好的现代派建筑摄影师之一。事实上，斯托勒和鲁道夫的职业生涯或多或少是同时向前发展的，在格罗皮乌斯时期开始发生联系、同为哈佛的学生到战后关系的平稳上升。[55]在一个相当长的历史时期之后，我们再来看斯托勒拍摄的照片，可以看到它们在理解和发展佛罗里达州住宅建筑重要特征过程中的作用是十分关键的。鲁道夫和斯托勒之间存在着深切的友谊和很好的合作关系，他们中的每一个人都对对方的能力和观点十分尊敬。斯托勒达到了对佛罗里达州访问的目的，所有能够促进其摄影事业发展的事情都尝试了。他和鲁道夫整天在一起工作，研究照片的拍摄问题。[56]建筑师和摄影师合作为建筑创造了近乎符合人们幻想的图像，无论是在斯托勒的照片中还是在鲁道夫的素描图中，都可以看到他们关于光线的组合、透视、影子和阴影、结构、透明度、形式和空间互为补充的观点。

这些素描图和照片正好以其想要的方式向世人展示着。在这里，时间、建筑的实际价值和变化着的时尚都没有任何影响力。[57]这些素描图和照片不仅把我们带回了过去的时代中，还将我们带到了一个建筑和自然总是处于最佳状态的地方。借用素描图的透视效果和相机的镜头，鲁道夫和斯托勒使得建筑物本身成为精彩的剧本和华丽的诗章。这样做的结果是，它们使我们感觉在20世纪四五十年代佛罗里达州这样的人间天堂里，生活更为纯净、更为理想主义，尽管事实并非如此。

注释

1. 迈克尔·麦肯东纳夫（Michael McDonough），"保罗·鲁道夫早期作品中的海滨住宅。"（建筑历史硕士论文，弗吉尼亚大学，1986年）：3、感谢麦肯东纳夫，因其对萨拉索塔和现代主义问题拥有深入洞察力和广阔的学识。
2. 菲利普·约翰逊（Philip Johnson），由 J·金（J.King）和 C·多明（C.Domin）进行的采访，纽约，纽约城，1998年12月23日。
3. 彼得·布莱克（Peter Blake），不存在乌托邦式的区域。（纽约：诺普夫 Knopf，1993年）：264页。
4. 玛丽·摩菲（Marie Murphy），保罗·鲁道夫的姐姐，由 J·金进行的电话采访，2000年8月26日。
5. 还在大学期间，鲁道夫为 T·P·阿特金森（T.P. Atkinson）设计并监理了一座小型住宅，这是他完成的第一个工程，正式完工于1939年早期。T·P·阿特金森是外国语系的系主任。撒拉·米勒（Sarah Miller），女儿，由 J·金进行的电话采访，2001年1月8日。见即将出版的第一座住宅，作者：科瑞斯滕·比扬（Christian Bjone），研究由沃尔特·格罗皮乌斯在哈佛培养的建筑师们建造的住宅。毕业于阿拉巴马理工学院后，鲁道夫在1940年工作于位于伯明翰的 E·B·凡·凯瑞（E.B. Van Koeren）工作室。威廉·瑞普（William Rupp），"保罗·鲁道夫：佛罗里达州的岁月。"未公开印刷的论文，摘自1978年的传记。
6. 皮安托斯·C·福特（Peatross C.Ford），建筑、设计和工程陈列馆馆长，州立图书馆，由 J·金采访，萨拉索塔，FL，2000年6月19日。
7. 保罗·鲁道夫，与克尔·麦肯东纳夫的对话，纽约，纽约城，1986年4月5日。麦肯东纳夫，由 J·金进行的电话采访，2000年8月19日。据说鲁道夫曾经宣称戎森伯姆住宅的起居室是"美国建筑中最富有庄严气氛的一个。"阿尔文·戎森伯姆（Alvin Rosenbaum），弗兰克·劳埃德·赖特在美国的设计（华盛顿特区：保存出版社，1993年）：15页。
8. 约翰·豪威（John Howey），萨拉索塔学校的建筑（剑桥硕士论文：麻省理工学院出版社，1995年）：28页。
9. 保罗·鲁道夫，路·安德鲁斯（Lu Andrews）的一封信，1941年11月17日，约翰·豪威收藏。
10. 马克·W·福斯特（Mark W.Foster）和托伯特·R·威廉（Torbert R.William）。"一个隐居的匿名好战自我主义者。"耶鲁新闻（1964年5月9日）：12页。迈克尔·麦肯东纳夫，"保罗·鲁道夫早期作品中的海滨住宅。"（建筑历史硕士论文，弗吉尼亚大学，1986年）。西格弗里德·吉迪恩（Sigfried Giedion），沃尔特·格罗皮乌斯（纽约：莱因霍尔德，1954年）（再版于纽约多弗，1992年）：11页。
11. 菲利普·约翰逊，由 J·金和 C·多明进行的采访，纽约，纽约城，1998年12月23日。
12. 吉迪恩（Giedion），沃尔特·格罗皮乌斯，71页。
13. 麦肯东纳夫，15页。
14. 福斯特（Foster）和托伯特（Torbert），12页。
15. 弗朗茨·斯库尔茨（Franz Schulze）路德维格·密斯·凡德罗（芝加哥：芝加哥大学出版社，1985）：xix, xx, 236页。菲利普·约翰逊，路德维格·密斯·凡德罗（纽约：现代主义艺术博物馆，1947，1948年版本）：154, 171页。
16. 保罗·鲁道夫，"课程简介" 20世纪90年代。
17. "沃尔特·格罗皮乌斯——思想的传播" L'Architecture d'aujourd'hui，第28期（1950年）。
18. 沃尔特·格罗皮乌斯，给海军工作人员的一封信，1951年11月7日，摘自迈阿密大学建筑学家詹姆士·迪恩（James Deen）的收藏品。
19. 帕蒂·乔·S·赖斯（Patty Jo S.Rice），"用棍、石头和阳光解释情绪：拉尔夫·斯宾塞·特威切尔（Ralph Spencer Twitchell）的生活和建筑。"（南佛罗里达大学，美国研究，艺术硕士，1992年）：1, 2。十分感谢赖斯对拉尔夫所做的广泛研究。赖斯用来研究的信息中很多来自于拉尔夫第三位妻子保拉·特威切尔（Paula Twitchell），后者曾经相当努力的记录了她丈夫的职业生涯。保拉·特威切尔负责管理拉尔夫的各种约会和与拉尔夫的合作事宜，同时她还收集了与拉尔夫建筑职业生涯有关的文献，没有她的工作，相关信息就很可能已经遗失了。
20. 赖斯，15-18 页。
21. 托马斯·格雷厄姆（Thomas Graham），"亨利·M·弗莱格勒（Henry M.Flagler）在庞塞和利昂的旅馆"装饰和宣传艺术杂志23期（迈阿密：沃尔夫索纳——佛罗里达国际大学，1998年）：96-111页。
22. 科里·福特"都是依靠我自己的双手。"更好的家园和花园（1934年11月）：13-15页，68页。
23. 赖斯，61-64 页。
24. 赖斯，64, 135 页。
25. 赖斯，57 页。
26. 赖斯，58 页。
27. 麦肯东纳夫，3 页。
28. 赖斯，97-98 页。"直至1949年，在工作室中，特威切尔一直都取得了项目设计的主动权" 98 页。
29. 1950年6月10日，鲁道夫得到了佛罗里达州的公民身份。佛罗里达州专业规章部门玛丽·大仲马（Mary Dumas），由 J·金进行的电话采访，2000年11月20日。
30. 怀尔德·格林（Wilder Green），由 J·金进行的电话采访，2000年8月17日。格林于1952年为鲁道夫工作，之后不久自己开业了。他强调说在那时，鲁道夫对技能十分不耐烦，项目显得很脆弱，但是这一点并没有困扰鲁道夫，这是因为鲁道夫最主要的兴趣在于看着房屋被建造、然后被拍照。
31. 威廉·瑞普（William Rupp），"保罗·鲁道夫：在佛罗里达州的岁月"（未发表的学术论文，1978年春季）。
32. 鲍勃·甘汝特（Bob Garrott），杰克的技师和雇员，由 J·金进行的电话采访，2000年12月11日。
33. 因位于盖恩斯维尔的沃森住宅而发生的通信信件被沃森家族保管着，现在存于佛罗里达大学。在1950年6月委托人最初的工程预算是1万至1.2万英镑。随着设计的发展预算水平也在提升。最终于1951年签订了建立在增加了预算基础上的合同。根据杰克·韦斯特（Jack West）的说法，这个合同同时也是 Associated Builders 公司承建工程的协议。直至沃森住宅完工之时，工程耗费已经达到2.4万英镑。特威切尔和鲁道夫设计服务的佣金（不包括建造管理费用）是工程耗费的6%。
34. 赛伯特·E·J·蒂姆（E.J."Tim" Seibert），由 J·金和 C·多明进行的采访，佛罗里达州，Boca Grande，1998年11月21日。
35. 雪莉·希斯（Shirley Hiss），由 J·金和蒂姆·茹翰（Tim Rohan）进行的采访，1998年1月28日。乔治·舒特（George Shute），由 J·金进行的采访，佛罗里达州，布拉登顿，1997年11月11日。
36. 福斯特（Foster）和托伯特（Torbert），12 页。
37. 拉尔夫·特威切尔，摘录自"一个整体的设计"给佛罗里达大学学生的授课内容，关于艺术和建筑大楼的章节，1951年1月13日。来自格雷格·霍尔（Greg Hall）的打字稿，改稿得自赖斯。
38. 安·山克（Ann Shank），萨拉索塔历史城，由 J·金进行的电话采访，2001年1月26日。
39. 迈克尔·麦肯东纳夫，"出售萨拉索塔：20世纪20年代新兴城市中的建筑和宣传。"装饰和宣传艺术杂志23期（迈阿密：沃尔夫索纳——佛罗里达国际大学，1998年）：10-31页。

⁴⁰ 麦肯东纳夫,"出售萨拉索塔"。
⁴¹ 拉尔夫"萨拉索塔将走向何处",未标注日期,未知是否出版。来自麦肯东纳夫的打字稿。
⁴² 若哲·V·弗洛里(Roger V.Flory)萨拉索塔旅行指南,1940年。萨拉索塔国家历史资料室收藏。
⁴³ 卡尔·A·比克(Karl A. Bickel),红树林海岸:佛罗里达州西海岸的故事,1940年。(考沃德·麦肯出版公司,1942年,第四版,1989年版权属于欧米尼印刷媒介公司)。
⁴⁴ 在以后的几年中,萨拉索塔学校的建筑师蒂姆·赛伯特为小说家约翰·D·麦克唐纳(John D. MacDonald)设计了一座住宅,珍·利迪(Gene Leedy)为斯德·所罗门(Syd Solomon)也设计了一座住宅,作为委托人这里就有两个例子了。
⁴⁵ 迈克尔·麦肯东纳夫(Michael McDonough)。"萨拉索塔的四位建筑学家。"打字稿,收藏于萨拉索塔国家历史资料室,1985年。
⁴⁶ 赖斯,110页。里维尔住宅研究所是隶属于里维尔黄铜公司的半独立性的组织,其参与者包括建筑论坛杂志和当地的一些建筑师们。该组织致力于提升品质,鼓励战后住宅建造中的革新活动,它认为在高品质的住宅中,诸如管道和闪光板等要以黄铜作为原材料。
⁴⁷ 赛伯特·E·J·蒂姆,由J·金进行的采访,2001年1月14日。是包括伍迪·威特(Woody Witte)、东·哈尔文森(Don Halverson)、戎·考夫曼(Ron Kaufman)在内的建筑产业革新家,他们为现代主义建筑发展了新的铝技术。
⁴⁸ 拉尔夫引自萨拉索塔预报和论坛的文章,1936年。麦肯东纳夫收藏的打字稿。
⁴⁹ "东南部的小型住宅是为潮热的气候而设计的,用混凝土墙体来建造。"建筑论坛(1947年12月) 85-89页。特威切尔和鲁道夫合作设计的科尔住宅也是这样的一个范例。1950年8月15日。约瑟夫·佩特龙(Joseph Petrone)收藏。
⁵⁰ 约瑟夫·罗莎(Joseph Rosa),建筑学家:阿尔伯特·弗雷(Albert Frey),(纽约:普林斯顿建筑出版社,1999年):9,10页。
⁵¹ 拉尔夫,在萨拉索塔林林艺术博物馆为佛罗里达州立大学的学生做的演讲,1949年4月22日。来自格雷格·霍尔收藏的打字稿,得自赖斯。
⁵² 坦弗·埃德加(Tafel Edgar)。与弗兰克·劳埃德·赖特一起的岁月:从学徒到天才。(再版:米尼奥拉,纽约:多弗出版社,1985年)
⁵³ "改善你们的住宅",萨拉索塔预报和论坛,1951年12月23日。约翰·特威切尔,儿子,由J·金进行的采访,2000年4月14日。杰克·特威切尔在自己的事业生涯过程中供养着一个涉及范围很广的图书馆,其中包括有关于建筑设计的技术文献和论述。他对技术规范和材料性质进行分析和解释,努力探索用现代建筑原材料发展新的建造材料汇编。
⁵⁴ 查尔斯·R·史密斯(Charles R. Smith)保罗·鲁道夫和路易斯·康:一个目录。(Metuchen NJ:稻草人出版公司,1987年):5。"广告",建筑论坛(1948年7月):134页。
⁵⁵ 威廉·S·宋德斯(William S, Saunders)现代主义建筑:以斯拉·斯托勒(Ezra Stoller)摄影。由以斯拉·斯托勒提供图片的注释。(纽约:阿卜拉姆斯·N·韩瑞出版,1990年):9页。
⁵⁶ 怀尔德·格林(Wilder Green),由J·金进行的电话采访,2001年8月17日。
⁵⁷ 尽管特威切尔和鲁道夫当前合作建造的住宅看起来似乎经常性地发生改变,总体上来讲在2002年时以下这些住宅的设计在本质上是紧密相连的,无论是原先的状况,还是有了细微的改变或者重修之后:特威切尔住宅、里维尔住宅、兰蒙里斯克住宅群中的一两座、迪德住宅、班尼特住宅、蚕茧小屋、科尔住宅、罗宾住宅和科沃德住宅。发生重大变化的:斯坦梅茨工作室、赛格瑞斯特住宅、伯纳特住宅、米勒客居住宅和沃森住宅。毁坏了的:德曼住宅、米勒住宅、拉塞尔住宅、利汶固德住宅和威岚客居住宅。现状如何不得而知的:哈卡维住宅、奇塔姆住宅、哈斯肯斯住宅和曼赫肯曼住宅。已进行设计建造但从未公开发表的住宅,因具体细节并不明了而未在本书提及:1950年建于Monasota Key的莫尔斯(Morse)住宅、1950年建于Lucienne的特威切尔住宅、1950年建于马萨诸塞的马撒(Martha)葡萄园、1950年建于萨拉索塔的两层高零售店和公寓;1950年修建的卡尔(Karr)住宅;1951年建于Siesta Key的德阿曼德(DeAmand)住宅、1951年设计的三位一体式的住宅以及1951年修建的赫伯利特茨勒(Hoblitzelle)住宅。

特威切尔和鲁道夫：住宅

TWITCHELL RESIDENCE
SIESTA KEY
1941

特威切尔住宅
Siesta Key, 1941 年

特威切尔住宅是鲁道夫参与的第一个住宅设计项目。它利用了特威切尔早就搭建好的建筑结构，该结构由裸露的奥卡拉石灰石板、柏木和玻璃组成。特威切尔住宅是开放性和水平状态的组合体，坐落于Siesta Key亚热带矮树丛中，从这里可以看到墨西哥海湾。并不像萨拉索塔原有地中海式风格建筑的形式，也不像佛罗里达州当地建筑的模式，特威切尔住宅没有给人感觉它是从地面垂直建造的，更多地是，它让人感觉是一系列与地面平行的层状结构的组合体，与大海和头顶的天空是垂直的。与沙地类似的颜色、石灰石细微的结构、柏木的天然色彩以及玻璃的透明性和折射性，都使得这座建筑看起来似乎是佛罗里达州自然环境的一部分。

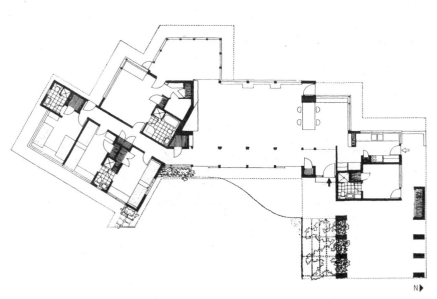

亚历山大·哈卡维
(Alexander Harkavy) 住宅

Siesta Key, 1946 年

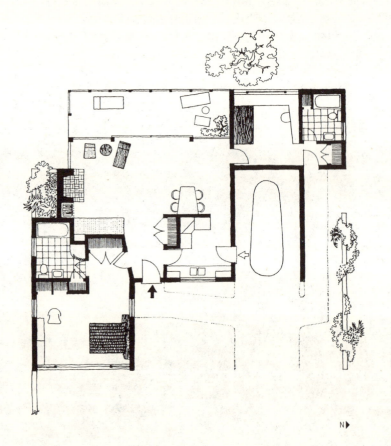

　　这间小屋的建筑面积很小，而且无论是在外观还是在选址都没有任何革新之处。但是，它表明这种乡村住宅建造和选址的类型是可以代表20世纪五六十年代萨拉索塔建筑师自己居住的住宅特点的。

　　悬挂在顶部的屋顶在整个设计方案中十分引人注目，它向屋门和窗户的高度倾斜着，表现出建筑师希望创造一种屋顶和墙体一体的视觉效果，而且这种设计手法还有利于将光线折射到室内。不同于特威切尔住宅，这座建筑使用的建筑材料在色彩上并不丰富，只是单一地使用了灰色调，为整座建筑平添了一种凉爽的感觉。

米勒（Miller）船屋

凯西凯，1946年

在特威切尔和鲁道夫为马里恩·米勒在凯西凯海湾附近拥有住宅进行的设计中，这个早期的作品并没有得以建造施工。这座建筑中只有一面是倾斜的屋顶，在外部相反方向与地面倾斜成一个角度，整座房屋具有从水面上升起的特征。对比特威切尔住宅和德曼住宅与地面紧贴着的设计方案，可以看出这是鲁道夫最早将建筑解读为空间中独立部分的作品。

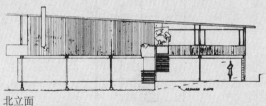

北立面

德曼住宅

Siesta Key，1946~1947年

德曼住宅位于特威切尔1941年盖好的住宅附近，德曼从其原所有权拥有者那里得到了它，并请建筑师们在其上设计了专门过冬的房屋。这座住宅在设计理念和建造技术上相比过去都有了很大的进步。

在这座建筑中，在考虑屋顶结构所需要的厚度的同时，鲁道夫将屋顶以及它的边缘都设计得如同薄薄的平板。木质的顶棚向外部延伸着，并向屋顶的边缘倾斜下去，在视觉上有相当轻松灵巧的效果——顶棚看上去仿佛是其下空间的翅膀。沉重的、裸露的起居室结构提供了一种相反的视觉效果，延伸了房间的进深，并且可以直接看到前方的海湾。在这里，鲁道夫掌握了结构理性主义的规则，与此同时发展了创造优秀视觉效果和空间构图的建筑技巧。

这座建筑之外还建有低矮的墙体，在这里也是第一次使用低矮墙体结构这种设计手法。这样做的目的是为了将属于家庭生活环境的户外空间和灌木丛界限分明地分隔开来。朝向外部空间的大块玻璃，可以使户外的花园和海滩仿佛同室内空间一样都变成了家庭生活领域的一部分。像亭子一样的结构是为了在不会造成被封闭的感觉的同时，将其与其他因素隔绝开进行保护。

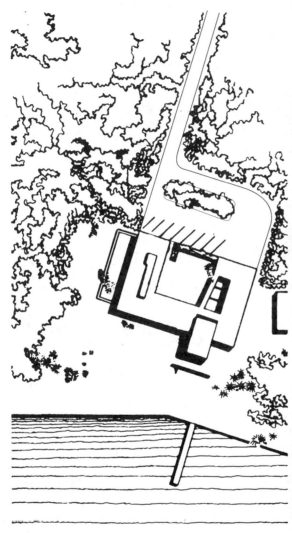

古尔住宅

萨拉索塔，1947年

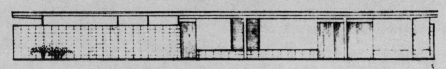

古尔住宅项目是第一个在住宅内部空间建造庭院的设计方案。在整座房屋中，只有一个简单的平板作为屋顶，由柱子和横梁组成的常见的开间系统支撑着。在整个设计方案中，屋顶被从方案的中心剔除掉了，在房屋的内部空间中制造了外部空间的效果。这种设计可以使房屋的内部在任何一边都向阳光和海风开放，并在只有一个房间进深的住宅里建造了庭院。

米勒（Miller）住宅

凯西凯，1947～1948年

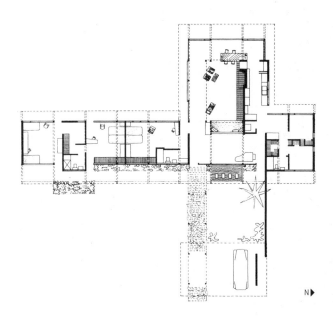

米勒住宅在凯西凯正对海滩的地方，建筑面积很大，专供过冬之用。米勒住宅通过建筑材料的选用、T形设计方案及开间系统的使用而具有的向外界开放性使得整座建筑感觉很温暖、容易接近。

在这座住宅的建造过程中，鲁道夫使用了有边界的墙，格子结构的入口，各种各样的顶棚板块以及大块的玻璃板，以此将房间进行分类和限定。起居室中的壁炉上有打磨得很光滑的铁质壁炉罩，以及大的内嵌式沙发，都给空间带来了亲密无间的感觉。相反地，起居室的西侧直接朝向大海，将我们的视线牵引到向南远远延伸而去的海湾和沙滩。

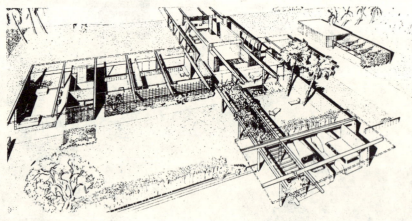

64 米勒住宅,墨西哥海湾

舒特住宅

Siesta Key, 1947 年

乔治·舒特（George Shute）在建筑师协会工作，这个小亭子式的住宅就是拟定他和他的夫人开始这段生活时居住的住宅。他们计划以后在该地段上邻近的地方再盖一座更大的住宅。起伏式的屋顶很薄，由内嵌玻璃的细柱子支撑，整座住宅仿佛栖息在一个礁湖上似的。该住宅的结构设计尽可能地考虑到了工程的预算，而且还清晰地表达了建筑师想要表达的建筑理念。这座住宅的结构很像是大规模项目中的一部分，仿佛舒特是在商店中定制的住宅，并可以以后再定制一个，放置在另一个位置上。正如鲁道夫评价的那样："通过娴熟的技艺和辛勤的劳动，总可以放纵一些看起来是奢侈的念头，而做到这一点正是整个设计方案的关键所在。"

舒特住宅是一次实验式的练习，其目的是想要创造一种新颖而富有才智的设计理念规则，并且尽可能有效地利用有限的建筑空间和建筑原材料。在建造过程中的"练习"作品包括一个16英尺（4.88米）的结构模型、铺设在地面上的八英尺的草垫模型、最大程度的利用榫舌凹槽屋顶装饰，和具有空间延伸性的八英尺的结构性开间模型。该住宅从始至终都使用了木质顶棚板面，而在同时还使保持整个结构的轻巧薄细的特点，相比米勒住宅和斯坦梅茨工作室设计方案中将铺开的厚重的石灰板用节点固定在顶棚上的做法，这种方法要简单得多。鲁道夫将各种类型的模型整合起来，按照其规模在悬挂起来的屋顶下将所有的因素融合为一个整体。在这里烟囱并没有被处理为屋顶结构的一部分，而是用一种特有的木材将烟囱与屋顶结构连接在了一起。

拉塞尔住宅

萨拉索塔，1947～1948年

拉塞尔住宅位于海湾的入口处，在呈现线性的当地山堆顶端上，表现了对当地气候和特有性质敏锐感知的能力。一间进深很大的房间朝向海湾，因此海风能够很容易地进入室内。从概念上讲这种线性的结构与几百年前建造在同样地点的美国当地住宅的结构很不相同，后者使用了带有小洞穴的木质屋顶用来遮蔽住宅内部空间。

这座住宅是专门为喜欢从事户外活动的人设计的，这是因为拉塞尔一家喜欢游泳、航海、钓鱼和举办家庭聚会及野餐会。拉塞尔一家还经常去塔希提岛度假，享受那里特有的热带风情。

在线性的开间系统中存在着一系列的变动因素，无论是室内还是室外都是如此。厨房和带有壁炉的聚会场所离的很近，其重点在内部，而起居室由于安装了可以滑动的玻璃板，所以形成了一个开放空间。这些玻璃门在天冷的时候可以被拉住，虽然这种情况在温暖的佛罗里达州很少发生。在卧室附近的区域很难享受到海风拂面的快意，因此将其作为娱乐室是否合适还很有争议。这片被环绕的区域，或者称为回廊的区域，可以在美国南部的传统建筑中找到类似的例子，与查尔斯顿住宅有顶的过道设计和庭院设计上有着相似之处。

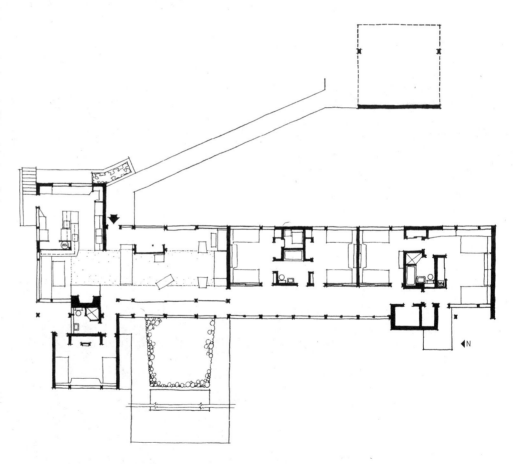

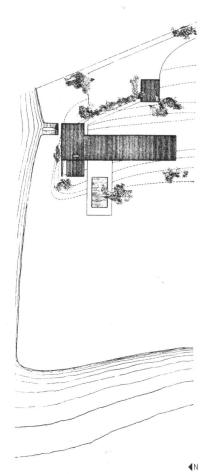

芬尼客居住宅

Siesta Key，1947年

芬尼客居住宅是一间被高举在半空中的小屋，它直对着海湾，是对已经很拥挤的半岛的延伸和对水湾区域的重新挖掘。从中间支撑点出发，一个行人桥悬在水面以上，为人们到位于海湾另一侧的房屋提供了方便，在行人桥上还可以鸟瞰墨西哥海湾。这件作品是对那些与周边环境融合在一起的住宅设计方案的背离，在1950年1月的《内部刊物》杂志中，鲁道夫解释了他创作这件作品的目的：

> 这个地点的主体部分地形很低，在将来不得不被各类建筑物填满。在这个地区通行的办法是从海湾挖掘进行建筑工程。但是，我们希望每一件人造的作品都和自然的作品很清晰地区分开。因此我们建议建造一个小的水湾，其形状是规则的……（建造一个被占满了的区域）……穿过这个手指式的高原和人造的水湾，在这个地点我们设计了这间小屋——几乎不让它与地面发生任何联系。

这座建筑是鲁道夫在佛罗里达州建筑作品中的精品，它在柏材结构的开间系统中建立了有序的规则，是一个动态平衡的组合体。柏木构成了12ft（3.66m）的开间结构，并为与其相连多样化的平面和空间提供了支架。在格罗皮乌斯和密斯·凡·德·罗的作品中可以找到理性主义为这个设计方案提供了概念上的规则，在鲁道夫直觉的具有诗意的建筑作品中，出现了新感情表达方式的自由。房间、平台、楼梯、斜坡以及桥梁在形状上都是线性的，与水平方向和垂直方向产生互动的效果。正如鲁道夫在《室内设计》杂志中的一篇文章中提到的那样，甚至连厨房也都被设计为线性的动态体系，仿佛"一个流水线，在一个内部空间的饭桌上达到顶点"。这座建筑作品还包括了鲁道夫第一次使用悬挂于空中的合页板的尝试，引入了"建筑物本身就是动态的"的观点。屋顶上的板块是为了提供遮盖的功能，可以在天气糟糕的情况下给予建筑物保护。

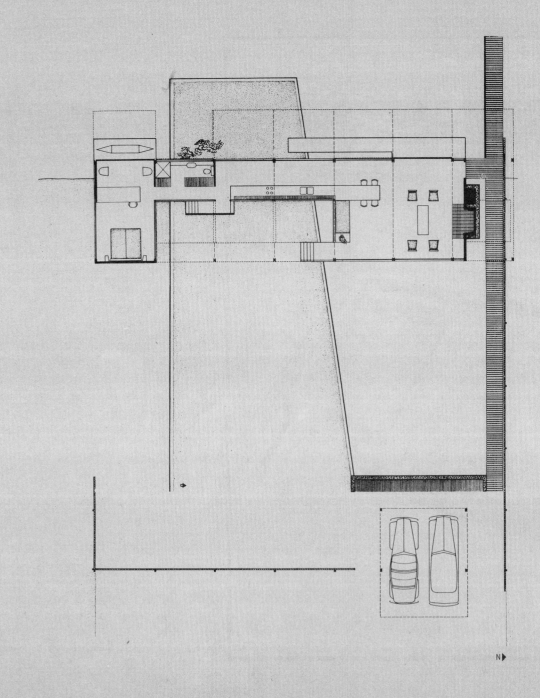

赛格瑞斯特（Siegrist）住宅

威尼斯，1948年

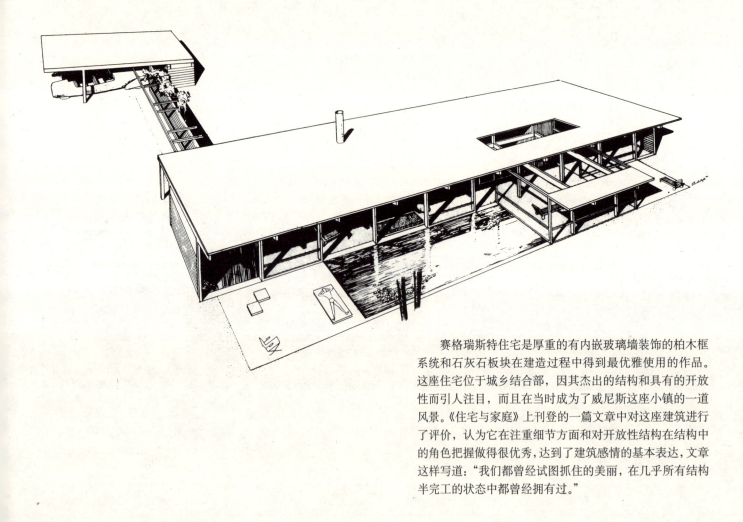

　　赛格瑞斯特住宅是厚重的有内嵌玻璃墙装饰的柏木框系统和石灰石板块在建造过程中得到最优雅使用的作品。这座住宅位于城乡结合部，因其杰出的结构和具有的开放性而引人注目，而且在当时成为了威尼斯这座小镇的一道风景。《住宅与家庭》上刊登的一篇文章中对这座建筑进行了评价，认为它在注重细节方面和对开放性结构在结构中的角色把握做得很优秀，达到了建筑感情的基本表达，文章这样写道："我们都曾经试图抓住的美丽，在几乎所有结构半完工的状态中都曾经拥有过。"

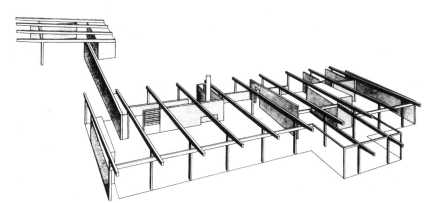

REVERE QUALITY HOUSE

SIESTA KEY
1948

里维尔住宅

Siesta Key,1948 年

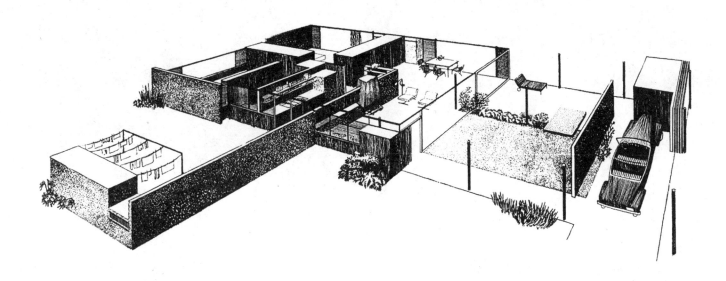

在公司承揽的建筑项目中,里维尔住宅象征着建筑发展的新方向。里维尔住宅几乎完全是由混凝土和玻璃建造而成的。钢铁质地的柱管网支撑着混凝土平板构成的屋顶,屋顶下墙体和空间相互独立地结合在一起。有一部分屋顶没有铺设,以便在住宅内部制造一片种满植物的平台,将户外的生活带到室内。这个建筑项目得到了里维尔住宅研究所的赞助,以及里维尔·库伯(Revere Copper)、《建筑师论坛》杂志以及一些杰出建筑师富有创造性的参与。它在当地和国内得到了公众的欢迎,并且引起了人们对特威切尔和鲁道夫建筑合伙人公司的关注。里维尔住宅是在潮湿、多白蚁、多飓风气候的佛罗里达地区建造住宅的过程中,如何从多种长期讲经济合理的技术中选择一种最经济适用的建造技术的探索。它是由兰蒙里斯克公司承建的,这家当地建筑公司发展了可再利用的模型钢铁技术和自动的混凝土搅拌设备,这些技术和设备在该住宅建造过程中得到了广泛的使用。

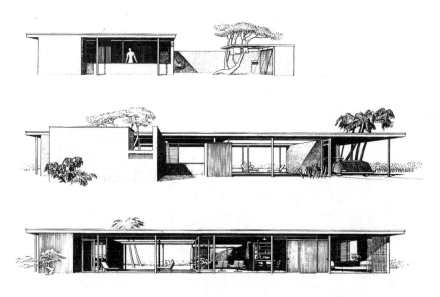

兰蒙里斯克住宅

Siesta Key,1948年

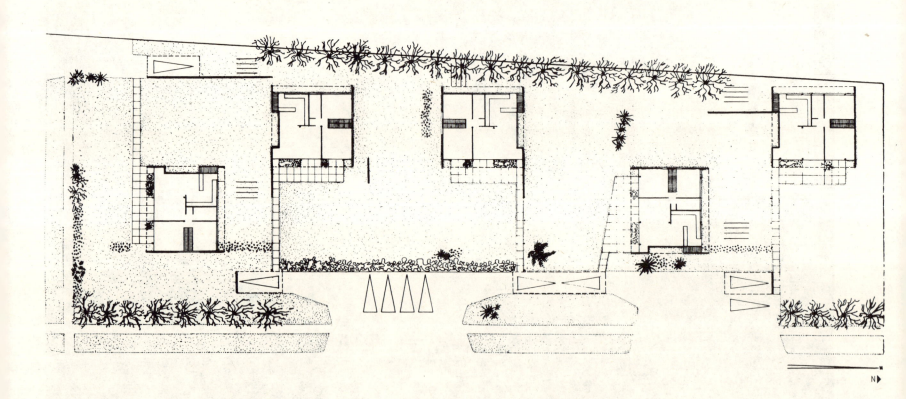

J·E·兰姆比（J.E. Lambie）运用自己发展的兰蒙里斯克混凝土技术修建了五座住宅，这五座住宅都是用于房产投资的。除低维护费用、防火、防飓风的优点之外，混凝土结构在空间配置和大块玻璃的使用方面提供了更大的自由。这个项目是鲁道夫第一次有机会参与对住宅以及周边环境进行规划的工作，要考虑到邻近寓所与其之间的复杂关系。这件作品在他以后的建筑事业生涯中仍然很有借鉴作用。

DEEDS RESIDENCE

SIESTA KEY
1948–1949

迪德斯住宅

Siesta Key, 1948～1949 年

这间小屋在建造过程中汲取了造船技术中精确和高效率的特征。该住宅是由特威切尔和鲁道夫建筑合伙人公司负责修建的。迪德斯住宅利用有顶的平台和自由站立的竹丛将空间感觉延伸至外界的空间中。在里维尔住宅和兰蒙里斯克住宅中使用过的混凝土屋顶由于富有表现力的横梁的作用,在制造平坦屋顶平面的同时并没有给人留下僵死生硬的感觉。但是这种混凝土屋顶的结构显然十分复杂,而且花费很高,因此在这之后公司承接带有平屋顶结构的建筑项目时,都使用了传统的木质结构,在屋顶厚厚的结构中内嵌木材。在不考虑结构的前提下,在技术不能满足建筑师使用起伏的屋顶板的情况下,这件作品这是一个十分重要的改变。

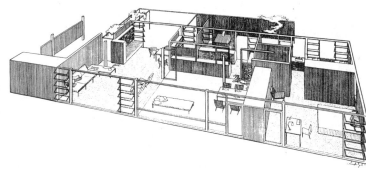

里维尔住宅的扩展部分

Siesta Key，1948年

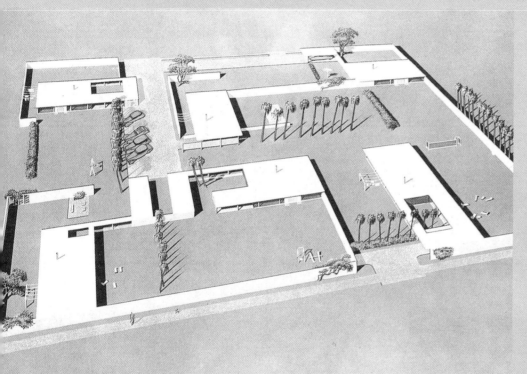

1948年，鲁道夫在哈佛大学获得周游欧洲的奖学金资格后，他被城市中传统的城市住宅设计风格强烈的吸引了。他开始考虑城市建筑和乡村建筑的不同风格，联系自己以前的作品进行分析，对里维尔住宅类型相同的六座住宅提出了理论上的规划原则，并在1948年12月在巴黎为《建筑师论坛》写的文章中写道：

> 在对教堂类型的建筑感到了疲惫之后，甚至对勒·柯布西耶风格的建筑感到了疲惫之后，我试图进行一些白日梦似的设计，并且将设计图纸寄给你们……
>
> ……这幅作品看起来似乎是将分散的住宅在每个建筑师精心设计的优美的死胡同处排成了一个纵队，这就是最终的效果……为了减轻因过多重复而导致的枯燥感，在建筑群中安排了一些设备，这些设备的安装要在工程预算的范围内。住宅之间和住宅与设备之间的关系是一个真实存在的、急需解决的建筑学问题，对我们而言，这个问题同时也是十分有趣的……
>
> 内部空间和外部空间之间关系的处理是建筑师的特殊武器之一，在这个问题的解决上却很少被运用过……在这里我们的建议只是针对住宅与私人家庭的户外生活和工作空间之间的关系……
>
> 墙体的扩展运用，很明显扩大了房屋的范围，增加了很轻易就能拥有无尽变量和形式的元素，在内部空间和外部空间之间建立了新的关系，并且辅助各个房屋连接成为一个整体。

除了这些建筑学上的因素考虑，佛罗里达州平坦的地势、热带树木水平形状的华盖，汽车线性的运动等等，鲁道夫展示了向无限开阔领域延伸的佛罗里达建筑群的景象。

伯纳特住宅

萨拉索塔，1949～1950 年

伯纳特住宅是公司承接的项目中，在空间和形式方面最具有新特色的作品，这些新特色或许来自于鲁道夫在去欧洲旅游的途中现代派建筑对其造成的强烈印象，那些现代派建筑因采用混凝土板状的建筑结构而格外独特。墙壁和屋顶也是用同样的原材料制成的平板，运用各种类型的动态结构将之组织起来。里维尔住宅和兰蒙里斯克住宅采用的裸露在外的混凝土框架造成的冲击力十分强烈，伯纳特住宅的地面都被浇筑了石灰，从而突出了其坚硬的特征。混凝土制成的屋顶和墙体具有相同的厚度，甚至所有的边缘都使用了相同的处理手法——在屋顶板上甚至都没有使用过金属质地的材料。但是，正如在鲁道夫的轴测法素描中屋顶的支撑中可以观察到的那样，这种建筑结构仍然十分重要。在这件作品中，他清晰地描述了用于承受结构压力的钢铁构造，并轻松自如地控制了屋顶以下的空间安排。

在这个设计中的线性因素，例如钢管柱和铝框的玻璃板，都使用了金属而非木材来进行表达，这样就可以减小材料的厚度，从而对灵巧性和开放性的表现作出了贡献。壁炉橱和烟道悬挂在屋顶上，与先前房屋建筑中固定在地面上的壁炉相比，更加营造了野营炉火的效果。

由于玻璃门是活动的，所以能够察觉到外部空间和内部空间是相互重叠的，并且还有微弱的联系。使用诸如起居室桌子、水平厚板之类的元素可以给住宅制造动态的效果。机轮支撑着水平厚板，在厨房和饭厅之间墙的开口处可以被翻滚。观测平台将设计者对动态效果的兴趣提升到了最高点，观测平台是将一部分屋顶架在倾斜的柱状管上构成的，它位于房屋的顶端，从这里可以直接看到海水的波浪和天上的白云。

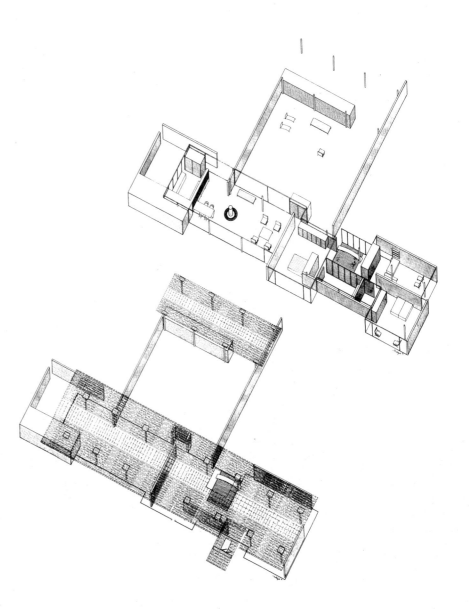

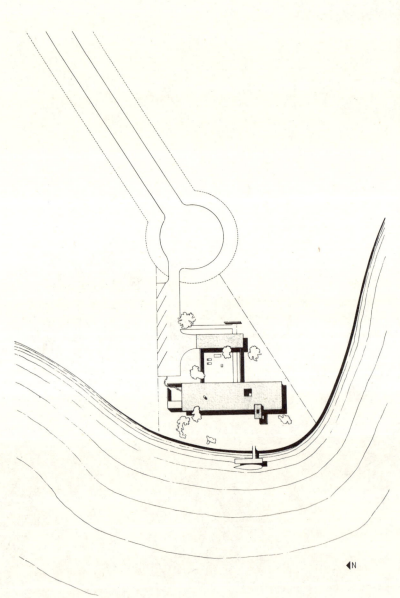

88　伯纳特住宅

米勒客居住宅

凯西凯，1949年

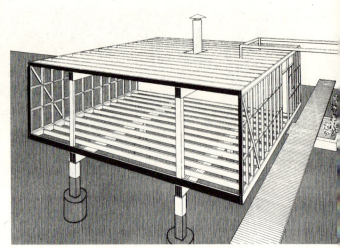

　　米勒客居住宅继续发挥了鲁道夫在伯纳特住宅中构造动态空间的想像力。但是在这座住宅中，他将房屋中全部立方体的结构都营造成动态效果了。在芬尼客居住宅中，鲁道夫将陆地和水面以上的空间悬挂起来，在这里柏木制成的结构框架起着决定性的作用，该结构将房屋牢牢地固定在地面上。在这间住宅中，房屋的结构包含在建筑物中，以形成整个住宅是漂浮着的视觉效果。

　　米勒客居住宅是一个简单的几何体，它仿佛是嵌入风景中的一个抽象物体。米勒住宅翱翔在干燥的陆地上和潮湿的水面上，形成了一个固状的海边空间，浓密的红树林围绕在这个几何体的周围。悬空的木板路像雕刻艺术品一样，使得整座建筑仿佛在自然环境中漂浮着。房屋延伸在水面上的部分三个侧面都是开放的，因此此室内可以有180度的视野观赏海面。整个住宅好像是一个处于半保护状态的栖息地，从这里可以观察到海湾的全景。

班尼特住宅

布拉登顿，1949～1951年

BENNETT RESIDENCE

BRADENTON
1949–1951

这间住宅是专门为家庭生活设计的，可以满足日常生活需求，它延续了特威切尔和鲁道夫住宅的风格，建造在与地面齐平的地方，向周边的环境开放，从而营造了一种开放的、好客的家庭氛围，在设计过程中，还考虑到了能够使轮椅直接进入住宅的需求满足。起居室的墙上装有玻璃，一面墙上的玻璃面向街道，另一面墙上的玻璃面向属于私人的花园院落，正如画面中展示的那样，为艾伦·班尼特（Allen Bennett）的家庭生活增添了令人愉快的视觉效果。

班尼特住宅是建筑学专业毕业生杰克·韦斯特（Jack West）在为特威切尔和鲁道夫公司工作中最早绘制的作品之一，所有的素描图都出自他之手。在当时，奥卡拉大楼所使用的、由柏木和玻璃组成的框架结构和将木质节点隐藏起来的屋顶的建筑手法和建筑结构已经受到了众人的推崇。班尼特住宅以及随后的克尔（Kerr）住宅，利汶固德住宅和沃尔克（Walker）住宅建造过程中，在使用了这种相似的建筑原材料和建筑技术的同时，鲁道夫增加了独特的空间革新和改变了细微的视觉效果。这也是他第一次将绘制素描图的工作部分的委托别人完成，与此同时，他将在希利客居住宅和诺特住宅中共同表现出来的全新的建筑结构和富有表现力的体系进一步进行了发展。

希利客居住宅

Siesta Key, 1950 年

希利客居住宅，或被称为蚕茧小屋，是一件在建筑结构和建筑技术上进行新尝试的实验作品。在这座住宅中，建筑师在侧墙之间使用了钢条将屋顶抬高，并形成了弯曲的悬链线效果。屋顶结构是新颖技术的结合体：钢条被固定在有伸缩性的绝缘板上，屋顶结构中的其他建筑材料以及覆盖在最上层的塑料膜被喷洒在这层结构之上。具有伸缩性的化合物乙烯基是美国军队在战后研制出的一种新技术，该化合物用于粘结军船上的各个部件，帮助它们抵御气候的侵蚀。住宅的地基要高于地面，并部分悬在水面之上。尽管这座住宅有着独特的外观效果，但是由于使用了深色调，它与周围的海湾和红树林丛等自然环境看起来很和谐。

希利客居住宅同时也是一件利用木质百叶窗营造透明和开放效果的实验作品。在南方本地建筑物中已经很普遍地使用了类似的设备，其目的是为了更好的调节室内的温度。然而在这里，木质百叶窗被当作了墙体结构，这是一种新的空间概念：完全开放的空间。菲利普·约翰逊的玻璃房子和密斯·凡德罗的范斯沃斯住宅与希利·格斯特住宅几乎在同时期竣工，尽管它们的设计都使居住在屋内的人可以自由地观赏房屋周围的景色，但是希利客居住宅的视觉效果还是名列第一的。希利客居住宅将住宅所处自然环境中各种因素都整合在了一起：这其中包括拂面的海风、海浪的声音和海水的气味等等。另外，与玻璃屋不同的是，居住在希利客居住宅中的人可以通过改装房屋的墙体达到改变外部环境的效果。通过调整百叶窗，在某个时刻完全对外开放着的房间可以在另一个时刻成为完全对外封闭的房间，这样可以使室内完全隔绝室外环境，创造保护隐私的安全氛围。

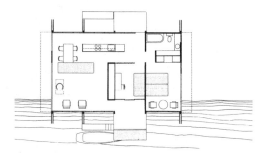

96 蚕茧小屋

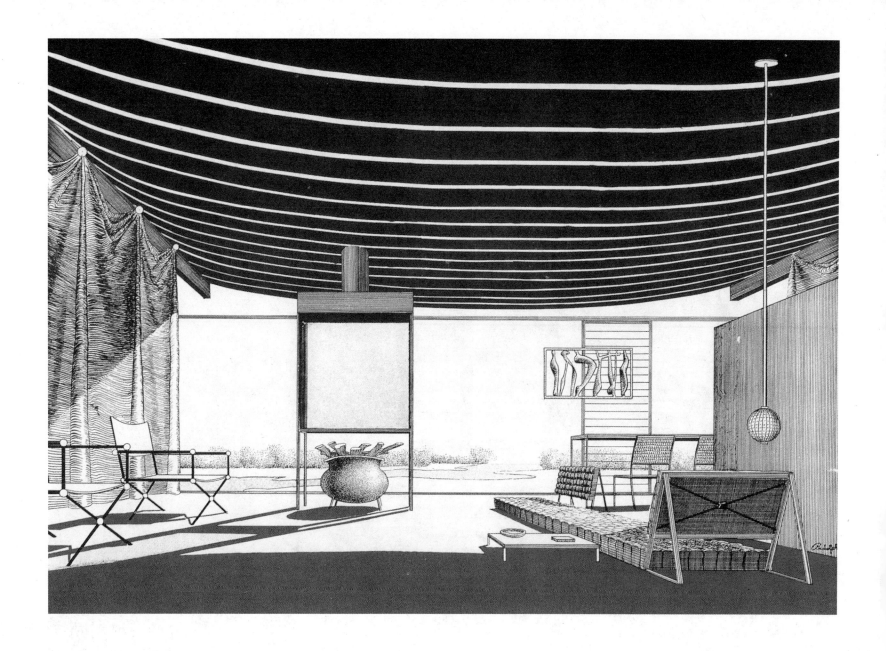

克尔住宅

墨尔本海岸，1950~1951 年

克尔（Kerr）住宅是专门为克尔家族设计建造的。它位于佛罗里达州的东海岸，眺望大西洋，并已经成为海滩边沙丘的一部分了。这座住宅是多层次的，其各个屋顶和地面的高度并不一致，各间房屋的开放程度和封闭程度也各不相同，所有这些因素都因相同的木质结构整合在一起，从街边远远望去，住宅的外观和周边的环境相当和谐。

门窗的嵌格用玻璃、石灰石和百叶窗等材料进行补充，这样就形成了多变的几何形空间效果和正视图效果。这张照片上，克尔夫妇被几何形状的房屋包围着，他们所占位置正是房屋的后院。它充分解释了克尔夫妇在现代化的加利福尼亚州如此热衷于特威切尔和鲁道夫作品的原因。正如1950年4月的《建筑论坛》中提到的那样，这两位建筑师的信条是："通过一个过渡阶段，使人们对生活有完全不同的新态度。"

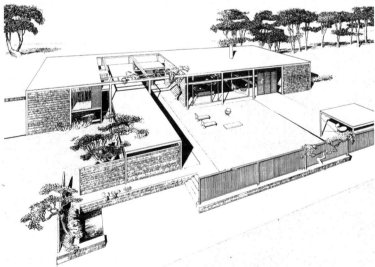

奇塔姆游泳池

累克兰，1950~1951年

奇塔姆（Cheatham）位于佛罗里达州累克兰地区，是一座传统建筑风格房屋的组成部分，承担游泳池和娱乐室的功能。这件作品是利用裸露的木框架构支撑屋顶和屏风的实验作品。只有轴心部分的设计在非正式的娱乐空间中体现了建筑艺术的参与。

沃森住宅

盖恩斯维尔，1950~1951年

沃森住宅建造在这个地区的中心位置，周围被森林环绕着，其地基是低缓的平地。被环绕的生活区域和卧室由装有屏风的就餐室分隔开，这个就餐室还可以当作休息室使用。在就餐室屋顶上覆盖着帆布制作的遮阳罩，从而可以根据季节和天气的变化调节就餐室内部的温度。

LEAVENGOOD RESIDENCE
ST. PETERSBURG
1950–1951

利汶固德住宅
圣彼得堡，1950~1951年

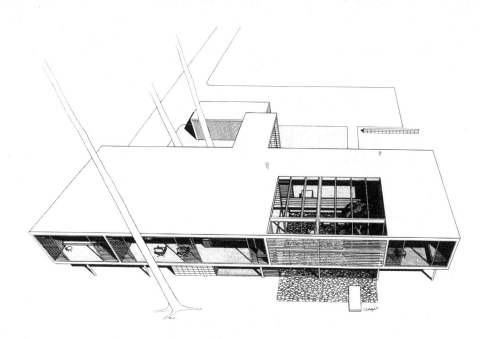

在利汶固德住宅中，特威切尔和鲁道夫作品中简单的矩形外观第一次出现在世人的面前。鲁道夫将这作为探索三维空间、将新颖活泼的复杂因素引入建筑领域的一个机遇。

该住宅的主体是由很细的圆柱体支撑的，所以看起来很像是悬在空中的。整座建筑位于两颗巨大的松树中间，松树是对几何图形的一种装饰。这种矩形结构相对比其他形式更加实际和实用。一个带有屏风的就餐室将巨大的房屋空间分隔成了两个部分，房屋之下的空间仿佛就是整座建筑的底层一样，都是开放着的；低的顶棚朝向高的顶棚，形成了不同分层的空间并将之环绕起来。如昆虫翅膀一样薄巧的建筑材料将房屋的各个部分相互分隔，而看上去十分粗糙的柏树木材、油漆过的木材、色彩暗淡的竹子和有着各种透明度和图案的玻璃以其独有的特点将空间分开并在视觉效果上对空间进行了延伸。利汶固德住宅是最初出现在迪德斯（Deeds）住宅建造过程中的建筑结构和整齐匀称的建筑体系等建筑手法发展到巅峰时期的作品。这种建筑手法采用将木质框架隐藏起来的水平屋顶板、内置有屏风的就餐室、紧凑的实体物质和精美的雕刻工艺。在先前设计方案中熟悉的元素在这件作品中都得到了综合利用。

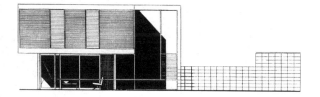

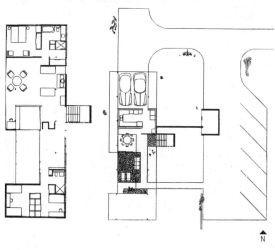

HASKINS RESIDENCE
SARASOTA
1951–1952

哈斯肯斯住宅
萨拉索塔，1951~1952年

哈斯肯斯（Haskins）住宅是特威切尔和鲁道夫大部分作品中更为承继传统建筑手法的家庭建筑作品。该建筑有着低矮的山墙，尽管如此，还是削弱了这种结构对房屋开放性的影响力。由于当时的情况要求使用有斜度的屋顶，在这座建筑和以后为伯纳（Bourne）出于商用目的建造的住宅，鲁道夫将屋顶的使用延伸并拉长了，这样就形成了盘旋在屋顶上的保护层。

曼赫勒曼住宅

那不勒斯，1951~1952年

曼赫勒曼（Maehlman）住宅是开放度最大的内置就餐室型房屋的精品。带有屏风的就餐室一头连接着带有车库的储藏室，一头连接着带有小厨房的起居室。内部的空间以门厅入口为标志，并包括适合外用的淋浴间。柱子分散在建筑内部，有小窗户的建材安装在建筑的中间，给整座建筑增添了轻盈和透明的视觉效果。

诺特住宅

扬基镇，1951年，设计草图

按照鲁道夫的说法，诺特住宅是第一个使用三合板作拱形空间的作品。正如蚕茧小屋的屋顶设计一样，其屋顶也是使用完全源于新技术的建筑模式。鲁道夫在探索和发展现代三合板的伸展性和弯曲度的同时，制造了一系列十分和谐的屋顶及其附属部分。诺特住宅与轮船的结构十分相似，它使用了弯曲的平面结构，看上去很像轮船的外壳。像轮船内部构造一样，其隔断与整个结构完全独立。这种有船体感觉的设计风格也许能够与尤金·诺特（Eugene Knott）产生共鸣。尤金本人就是一个轮船的爱好者，他在自己房屋的设计过程中还提出了要有船台的设计要求，在水边，房屋的屋顶还要被设计成为波浪起伏的形状。

透明的玻璃墙增强了拱形顶棚内部空间和外部空间的整体感，同时也保持了其结构上的独立性和建筑物的封闭性。八字形的支撑结构可以将拱形顶内在的水平推力传向地面，从而在使用重复建筑元素的同时制造出动态的效果。鲁道夫将房屋的地面设计成一定倾斜度的平面，其尺寸大小是多样化的，高度也不尽相同，功能自然也各不同，地面部分有的进入水中，有的则延伸到水面以上。因此，鲁道夫通过巧妙的建筑手法，不仅仅对垂直方向的结构进行了尝试，还对地面和屋顶的处理进行了积极有益的探索。

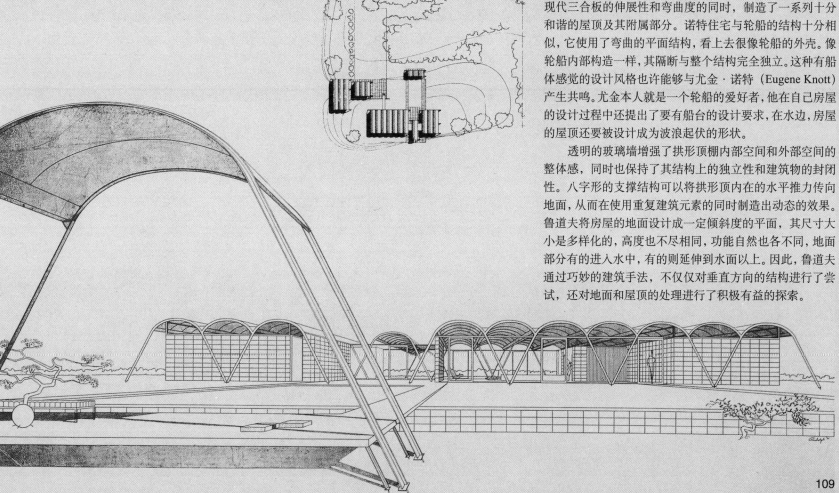

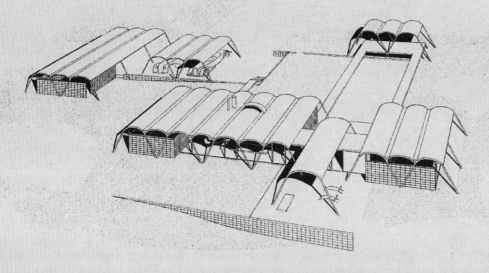
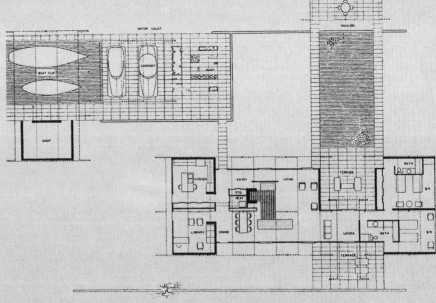

110 诺特住宅

罗宾住宅

彭沙科拉城，1951~1953 年

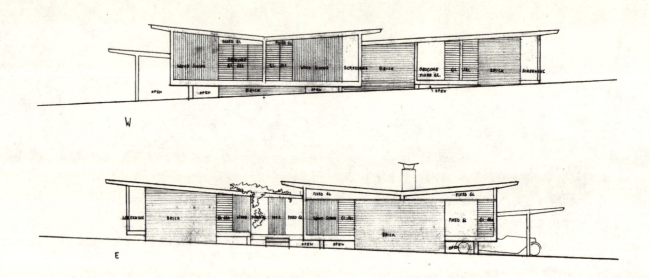

这座建筑位于佛罗里达州北部，它重新演绎了早期厚重木材框架结构的建筑手法，但是在这里厚重的木材框架被改良为像蝴蝶一样轻盈的屋顶。这幅鲁道夫亲手绘制的正视图能够很好的代表应用在设计过程早期简朴的表现形式。

沃尔克住宅

萨尼伯尔岛，1951年，设计草图

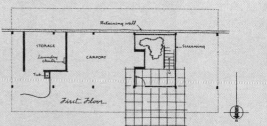

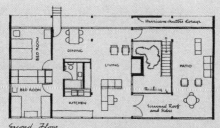

　　沃尔克住宅的外形如同加长了的方盒子，被一排底层架空柱抬离了地面。其设计手法和利汶固德住宅十分相似。但是在沃尔克住宅中，带有屏风的就餐室几乎占据了起居室空间的一半，而且就餐室和起居室同处一个平面。从入口处看，该住宅被抬离地面整整一层楼高，下面的空间用于停泊车辆和进入地下室。在靠近水面的一边，房屋被抬起的高度很小，这是因为海滩上的沙丘总是在不停的堆积，并且还得保持墙体的结实。这座建筑的设计符合国际化、现代化的要求，它傲然伫立在海滩边上，为观赏海湾和海滩的人们提供了一个很好的平台。

COWARD RESIDENCE
SIESTA KEY
1951

科沃德住宅
Siesta key，1951 年

科沃德（Coward）住宅是一幢季节性居住的建筑，在这里显示出建筑师采用了为佛罗里达州的生活提供预约、轻松的暂时"避风港"的理念。一系列帐篷被搭成U字形，将室外的空间相分割，就像野营搭的帐篷一样，还有橡树丛位于帐篷的中间位置。在最主要的帐篷中，透过低矮的树丛可以欣赏到比格帕斯和墨西哥海湾的景色。

这座建筑和韦兰住宅都是在1951年设计的，它们有相似的特征，都是用了拉紧的钢条结构构成屋顶。对角面支柱和牵引杆将结构上承受的压力转移到了地面。

116 科沃德住宅

韦兰住宅

Siesta key,1951 年

与科沃德住宅相比，凯特·韦兰（Kate Wheelan）住宅在建筑形式和建筑材料的选择上进一步传达了抽象主义的理念和对抽象主义的理解。平整的大块石墙将两座房间牢牢固定在地面上，与此同时这两座房间也彼此紧紧地固定在一起。通过利用开放的边墙和抛光的三角墙，向下倾斜的薄屋顶似乎可以被解读为独立于整座建筑的形式，它仿佛漂浮在空气中一样。在室内，遮掩屋顶原材料的顶板得到了更进一步的强调。除了淋浴间是被围绕着的，不依赖屋顶支撑的隔间与墙体的高度一致，不受上方向下滑翔的顶棚的影响。

这一住宅中的房间，是出于短期出租的目的而设计建造的，其方案强调了轻巧的感觉和容易维护的特征。既没有使用底层架空柱也没有使用倾斜的平地把整座建筑抬高，它直接建造在地基的上面，并且延续了特威切尔早在 10 年前就发展了的建筑理念：一种生活在安详宁静的、尽管看上去有些狂热的亚热带风格的、尽可能占地面积小的临时轻便建筑中的生活方式。

独立的建筑实践

独立的建筑实践

克里斯托弗·多明

评 论

在1952年3月第一次开始自己独立的建筑实践时，保罗·鲁道夫就已经渴望从特威切尔的信条中走出来，向另外的方向发展了。在这一阶段他的工作重点仍然在完成私人住宅的设计上，但是与这个主流并行的是他开始将自己的兴趣范围扩展到公共建筑领域了。来自哈佛大学、耶鲁大学、科内尔大学和宾夕法尼亚大学的客座演讲邀请越来越多，工作室获得的批评与评价也越来越多。鲁道夫没有兼顾本地文化和全国性文化交流的精力，前者给予了他最初发展所需要的养分，而后者所拥有的建筑场景却能够给他提供更为广阔的发展空间和更多的发展机会。与特威切尔的分道扬镳，一方面让鲁道夫获得了不受束缚的独立，而另一方面在一段时间里其建筑作品中也留下了他那段并不平静的心态的烙印。20世纪50年代鲁道夫重新开始了他事业上的辉煌，这期间他设计的一系列作品都在试图为他们这一代人重新定义建筑的内涵。

这一时期无论是在建筑设计领域还是在文化大众领域中，都被看作是不可确信被感知的。许多年轻的建筑师们开始质疑功能主义作为统一理论体系的缺陷，并在寻求其他新的理论作为指导。[1]恰逢此时，约瑟夫·麦卡锡（Joseph McCarthy）以及"非美式住宅"委员会通过了许多积极的政策鼓励培育和发展萨拉索塔式的新古典主义建筑风格。对鲁道夫而言，这是很幸运的事情：这样他就没有过多的时间来自省与特威切尔的分开，而是平稳的过渡到了独立进行建筑设计的实践中。

美国建筑领域中发生变化的一个重要信号是沃尔特·格罗皮乌斯从哈佛大学辞职了。这一事件毫无疑问地表明指导方针发生了变化。留给那些20世纪40年代在哈佛接受过训练和教育的一代建筑学者的是救世主式的争执和辩论。在格罗皮乌斯辞职以前，他就学院今后的发展向其继任者宙斯·路易斯·斯特（Jose Luis Sert）提出了一些建议，其中包括任命一批他认为"对我们的事业最为忠诚"的人员。这个理想中的团队包括查尔斯·埃姆斯（Charles Eames）、斯哲·切玛耶夫（Serge Chermayeff）、贝聿铭以及保罗·鲁道夫，是由不同意识形态的建筑学家和从业人员组成的。[2]保罗·鲁道夫成为纽约先锋派艺术家的名声日起，这直接导致了以下两件事情的发生，而在事后追溯，这些事件在鲁道夫早期事业的发展过程中起到了界石的作用。现代艺术博物馆和耶鲁大学为鲁道夫提供了更为广阔的舞台，使其走在了国际建筑学界关注的视线内。

鲁道夫参与设计的现代艺术博物馆"精心设计的展览"于1952年1月份在芝加哥贸易中心拉开序幕，并在同年的后几个月在纽约举办了相同的展览。《纽约时代周刊》评价在贸易中心初次亮相的这次展览为"激动人心的盛况"。[3]空间、情调以及原材料的组织和布置得到了包括商人、参观者和行家在内的参展人员的广泛好评。鲁道夫以及一些以个人名义参与设计这场"精心设计的展览"的艺术家们与许多富有影响力公司的名字排列在一起。这其中包括查尔斯和雷·埃姆斯，他们都在现代艺术博物馆的首次公演中负责建筑展位的设计工作。当时年近33岁的鲁道夫看起来似乎不应该是这个项目负责人的最佳选择，但是很快地他就驱散了那些对他能力表示怀疑的人们的念头。[4]这次建筑实践使他处于艺术品和商品、建筑学者的领域和设计者的领域、博物馆高雅的文化底蕴和超市的世俗文化的十字路口。这些理念的契合在博物馆展览的设计和展出过程中表现得十分明显，鲁道夫也因此在之后的年月中形成了自己的工作方法论。[5]

同样在1952年，耶鲁大学新发行的建筑学期刊《观点》(Perspecta)将保罗·鲁道夫、菲利浦·约翰逊(Philip Johnson)和巴克敏斯特·富勒(Buckminster Fuller)同时列于"新方向"的栏目之下，并用令人生畏的序言将其引出：

> 我们都想成为所处时代的主宰者并得到大众的认同。一个人怎样才能成为主宰者呢？在亨利·拉塞尔·希区考克的指引下，我们对弗兰克·劳埃德·赖特、密斯·凡·德·罗和勒·柯布西耶三位建筑大家建筑思想的继承和发展进行了讨论；现在这种影响发展得越来越具有典型性了。在这里列举的三位建筑学者，他们代表了现代主义建筑领域中的三种新的、重要的发展方向，并且多少与其过去的风格有所变化。

在格罗皮乌斯在哈佛处于领导者地位和对美国建筑文化有着深远影响力的情况下，鲁道夫被选为代表是显而易见的事情。[6]耶鲁大学建筑学院当时对正在发展的实用主义抱有很大的兴趣，也是对正在欧洲盛行的功能主义的一种回应。当时欧洲持有功能主义观点的新生代建筑学者们开始突破希区考克和詹森在1932年国际设计展览中制定的僵化模式并对其进行了重新解释。在美国建筑学家乔治·豪(George Howe)(1950~1955年)的指导下，耶鲁大学进入了对其极有影响力的学生期刊中刻板理论的重新评价和再认识的阶段。建筑学院组织的调整和重建重新建立了学术交流的方式，并且强调了相互之间的联系，这对建筑学理论和建筑实践的发展都有深远的影响。一系列透明的人事聘用行动为学院建立了新的议程表，而且在建筑学团体内鼓励进行广泛的、多学科性的交流和对话。建筑学院邀请克里斯托弗·特纳德(Christopher Tunnard)对学位计划进行设计，邀请亚尔伯斯·阿尔波斯(Josef Albers)将工艺系重组并归入设计系。[7]

众所周知，鲁道夫及其同时代的建筑学者们与赖特、密斯和柯布的风格十分相似，但是在诸如《观点》之类的期刊中，总是将鲁道夫等人对赖特等遵循框架结构的批评作为主要内容。在《观点》第一期中，一篇关于鲁道夫的文章将他定义为欧洲现代主义的承继人，却又将其摆在一个质疑现代主义将向何处发展的建筑学者的位置上。在"新的发展方向"一文中，鲁道夫因其对"建筑结构和形式的综合"而受到肯定和赞许，但是这一简单的评价在论及建筑实践时解释得就十分苍白了。对鲁道夫职业生涯的描述和解释以及对其未来事业发展趋势的预测，在文章主体部分有所澄清，他本人指出，他将在今后的发展中更加注重多样化。在谈到传统建筑形式、建筑原材料甚至现象学表达的基础时，还远离题目本身谈到了由建筑历史和建筑传统带来的经验和教训，并且认为大城市是形成美国独特建筑形式和风格的源泉。最后一个观点可以用已经成熟的城市规划理论进行证明，城市规划理论自1958年在耶鲁大学得到应用后已经获得了官方的认可，这也标志着这一理论的成熟。乌尔里克·弗朗茨指出：鲁道夫"开始了

	WRIGHT	MIES	LE CORBUSIER
BIRTH	1867	1886	1888
END OF FORMAL EDUCATION	20	15	17
END OF APPRENTICESHIP	26	25	22
INDEPENDENT PRACTISE	26	25	34
MATURITY BEGINS	31-33	34-36	35
FIRST MASTERPIECE	35	43	39

建筑与城市各组成部分之间的真正对话"。[8]尽管这种评论有夸大之嫌,但是它注意到了有更大发展空间的新指导理念的影响力,美国住宅市场在这种理念的指引下走出了单个家庭住宅设计的旧例,并对原来设计的缺陷进行了改善。[9]

随着鲁道夫声明"我是一个南方人,并且在佛罗里达州进行建筑实践"的出现,在各方面的影响力使得他在佛罗里达州进入职业生涯中最重要的一个阶段。然而在佛罗里达州,在他试图坚持扮演打破旧习的外来者角色的同时,他还是被建筑师组织和政府组织包围着。[10]在与特威切尔的合伙人关系破裂之后,鲁道夫在位于萨拉索塔商业中心的主街(Main Street,1644B)租得了一间小工作室。怀尔德·格林(Wilder Green)在1952年6月份从耶鲁大学毕业后加入了鲁道夫的工作室,负责绘制素描图,并在鲁道夫不在的时候照料工作室的日常事务。威廉·瑞普(William Rupp)一年后也加入了这个团体,并用如下的文字对该工作室进行了描述:

> 这件工作室拥有的成员很少,面积也很小,房间被十分充分地利用,如果不说已经被塞满的话。橱窗周边镶嵌着半透明的塑料框,正对着外墙摆放着一张沙发,沙发边是被油漆为白色的钢边,其上覆盖的沙发罩是灰色的丝绸做成的。鲁道夫把它作为短暂休息的场所,又租了一间房子作为长期居住的场所。
>
> 正对沙发放置着两把"英式"办公椅,椅子的坐垫、靠垫和扶手都是帆布质地的;椅腿是硬木制成的。由于在许多PMR的素描作品和印刷品中都使用了这两把椅子作为点缀,所以它们的名气也十分大。在椅子的后面悬挂一幅放大的鲁道夫住宅的照片,这张照片还遮住了素描桌的一部分。在其后很紧凑地摆着四张素描桌,这四张桌子由十字形漆成白色的钢铁马支撑着。侧墙由塞满书籍和杂志的架子排成一排组成,油漆成白色的细铁杆支撑着这些架子,铁杆一直通向金黄色的顶棚,从外观上看去仿佛同时支撑着顶上的天棚,这种天棚在1952年由鲁道夫设计的博物馆"精心设计的展览"中已经使用过了。天棚的作用是阻挡太阳光线的直接射入。铁质圆柱支撑着陈列橱窗的灯,为之提供背景灯光,工作中所需要的光线由可调节亮度的台灯提供。在房间的尽端头有一间小小的盥洗室、淋浴间和储物架,用可活动的塑料门与房间的主体隔开。房间的地板铺着灰色西沙尔麻质的方垫……整个工作室的色调都是白色和灰色,只有一个金黄色的顶棚从其中穿过。[11]

在这一阶段,鲁道夫大量的时间用于建筑实践,时而将精力投在建筑评论、授课和他在萨拉索塔的工作室上。在萨拉索塔的工作室经常充当他的公众角色,在某种意义上它也成为了鲁道夫和已经很小的对当地需求之间的桥梁。对其这段巡回式的生活情况我们知道得很少,除了知道他经常出入各个城镇以继续他越来越繁忙的建筑实践活动之外。很可能就像在萨拉索塔那样,他在各个城市中也有一些私人事件,尽管从未被披露。但是在20世纪50年代早期在他的佛罗里达工作室里,鲁道夫的同性恋倾向还不明显。这段巡回式的生活方式加强了在当地和国内其他地区建筑文化的对比,他试图同时满足这两方面的要求。鲁道夫同时汲取了来自双方的影响,在其设计的作品中他凸现了环境(情境)建筑学的概念:既要考虑到当地的实际情况和特殊性,又要在同时参考工业化生产、大众文化和纽约及先锋派们的新发展等诸多因素。[12]

在鲁道夫独立创业伊始,玛丽·罗克韦尔·胡克(Mary Rockwell Hook)就带着自己关于住宅设计的设想来到了他的工作室,但是她要求不想和在Siesta Key看到的"特威切尔式住宅"的风格雷同。[13] 胡克的长期目标是在Siesta Key地产上建造一系列代表最新室内设计理念的住宅群,以作为建筑设计发展的研究样本。[14] 这个过大的设想从未像她所设想的那样成为现实,但是这个项目给鲁道夫提供了一个空间,使其能够重新审视和评估与特威切尔的合作关系,并且在建筑设计的过程中清晰地发出自己的声音。

鲁道夫从芬妮住宅设计草图停滞的地方入手,继续保持其紧凑的结构和与周围景致紧密接触的风格,并且采用了诺特住宅富有创造力的组织结构。在这里,鲁道夫实现了关于胶合板拱顶的设想。这一作品的成功归功于现代化的建筑原材料和标准化的建筑模型配件,但是这一作品也被视为其在哈佛大学所接受功能主义学说影响的结果。鲁道夫是一个思维敏捷的学习者,他从查尔斯和雷·埃姆斯在洛杉矶的实践中发现了弯曲胶合板的方法,并且他还是同时代中最早提出重新估价柯布作品的建筑学者之一。1923年在广为传播的《Vers une Architecture》中,鲁道夫提出了"单边"模型,这一模型包括将石棉夹于中间的夹板结构,整个住宅依靠的不仅有预制板墙结构,还有表达清楚的顶棚拱顶。在这个例子中,结构中的各个因素紧密结合在一起,是在该项目中达到美感的主要手段,也是使得建筑向更为广泛的人群开放的一种手段。[15] 在这一阶段,柯布的注意力正集中于如何将其从20世纪20年代本国建筑中得到的创造灵感抽象为纯粹的概念化语言,并应用于别墅的建造过程中。[16]

在胡克住宅的设计过程中,鲁道夫在了解了胶合板结构的某些特殊性质后抽象出了一套正式的指导原则,发展了三合板拱顶体系。他采用加固的横梁架结构将起居室的空间撑离地面,并且承担拱顶带来的重力。横梁结构内嵌着镶板、固定的玻璃窗或可活动的百叶窗,使用百叶窗可以改变室内的视野。鲁道夫继续利用模块式的结构体系,充满创造力地表现了建筑外部的结构和空间以及建筑的屋顶,与许多以前的建筑表现手法截然不同。[17]

与许多其他早期的住宅建筑一样,公共空间和私人住宅区之间也要建立一个隔断。拱顶的三维隔断与空间的横向分层在扩展视野的方向互相呼应。从私密空间转向入口处,正对着包括厨房、壁炉屏风和主要入口等在内的中心地带,在房间的主要起居区达到最高点,正好可以看到下方海湾的全景。顶棚和屋顶的结构介入了对外面景色的观赏,在建筑和周边环境的关系上与特威切尔设计的住宅十分不同。在以前经常出现沙地作为前景,在这里将重点从小装饰中转移到了礁湖和红树林丛中。从1967年鲁道夫旅游展览小册子中摘录的这一段话可以说明他个人设计方案的形成:

> 至少对我而言，建筑在某种程度上是一门艺术，而我总是有基本的直觉认为艺术就是要不停地质疑，不停地将现存的颠覆，使之面目全新。对我来说这就是艺术真正的职能，尽管大部分人并不以为然；艺术中没有需要坚持的一贯原则。

在胡克住宅的设计过程中，多种建筑手法的交替使用就很显然地说明了鲁道夫的质疑，其中包括将混合结构的解读进一步复杂化，使之成为建筑中压条做法的先例。在整体结构的中心位置，壁炉和天窗的横向轴线将房间分割为两个部分。这一结构具有的双重性质来自于赖特将壁炉和炉边地带作为整个房屋界点的理论，但是在这里采光结构和悬挂在天窗上的双重通气管将这个理论变形了。通过一个复合结构将光、热和景色的观瞻有机地结合在了一起。这一不同寻常的并列式的构造是十分注重实用和功能主义的，也充分表明了鲁道夫对室内设计指导标准的不断思考和不断质疑。

在这个设计项目中，建筑与周边环境的关系已经开始很自然地脱离建筑物本身的框架了。在茂密的亚热带景观中建造一间巨大的房屋，是对原始殖民地理想化概念的实现。[18]来自海湾变化起伏的自然景色与秩序和理性的几何图形直接对照，三面石灰墙将自然与房屋区别开来。一面墙上正对着街道开着一扇小门，在这一片的东部形成了一个正式的通道，一个圆形的悬顶在此达到最高点，俯瞰着礁湖。直接通向水面的小道在中间被高于房屋地基平面的入口平台隔断。在楼梯的顶端有一间独立的小房间，是对整体建筑严格的对称式模块结构的一种烘托。这个混合功能的空间可以作为入口、通道和房间，它是鲁道夫在这一阶段多维度设计方案的典型代表。直到今天在建筑物中，设置可供散步的通道还是一个惯用的建筑手法，只是随着时代的变迁，这一结构的设置地点有所变化而已。鲁道夫将这一模型发展成为城市规划模型，该模型既可以适合小规模的住宅建造，同时也可以适应大型公众建筑项目的建造。这种方案可以将地段、建筑物和周边的景色整合为一体，形成一个综合的规划共同体定义。

灌木丛中的都市化

在胡克住宅的建造中使用了优雅的薄胶合板拱顶，这很自然为在三趾鸥海滨俱乐部更大规模地应用这种拱顶铺平了道路。这一准公众式的建筑项目为鲁道夫提供了真正意义上的第一次机遇，使得他能够发展自己关于城市结构的思想。这一思想在鲁道夫设计的里维尔住宅修改稿中首次出现，并于1948年底在法国旅行途中得以成熟。在这段时间里，鲁道夫更进一步发展了对影响力很大的柯布后期作品的理解，并开始在建筑实践中以更多的建筑历史理论作为指导，避免了功能主义的某些缺陷。正如其他同时代的建筑学者一样，鲁道夫对不断重复出现的美国城市向乡村蚕食的发展速度超过正常界限的现象十分机警，因此在这种潜在的进退两难的情形下选择了将城市建筑理论作为研究重点。鲁道夫抓住机遇重新

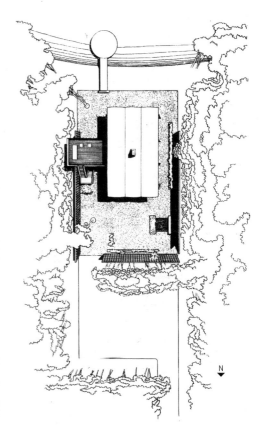

上图：胡克住宅
左图：胡克住宅，以礁湖南侧作为观测点

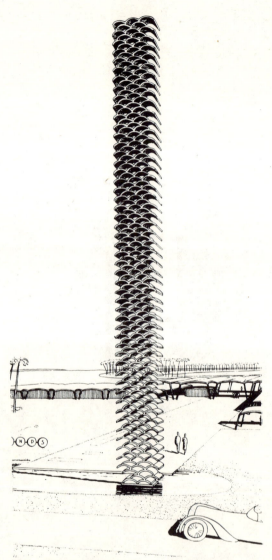

上图：漂浮岛，细节说明
右图：SAE 联谊俱乐部，以模型入口为观测点

评价了他在欧洲见到的乡村建筑，这些建筑在他获得赖特奖学金后去欧洲的游历中曾经浮光掠影地看过，也曾在第七次国际现代建筑会议(CIAMviii)看到一些。在鲁道夫看来，城市规划的地位将与大规模的公众场所的建筑持平，相对于单个的家庭住宅建筑，其地位会更高些。打个比方，城市规划在某些方面意味着将住宅概念化为一座城市，住宅所有的内在特征可以被用来将规模大得多的复杂建筑整合到更大范围中，使之成为其中的一部分。

1951年在英国召开的第七次国际现代建筑会议中，有人主动对反对在大的城市规划计划中将城市郊区划入其中这一看法提出了反驳意见。斯特将会议的主题间接地设定为对美国景观日益严重分散化现象的批评。斯特建议为了阻止这种没有计划的分散化进程继续，必须设法扭转这种趋势，并且建立起大家认为科学的重新集中化进程。重新集中化进程需要建立起新的城市中心，以代替那些已被毁掉的、无计划建造出来的旧中心。[19] 对鲁道夫而言，这一号召的精神早已在三趾鸥海滨俱乐部、漂浮群岛、SAE联谊俱乐部，甚至还有诸如诺特住宅在内的当地的住宅建筑结构设计中体现了出来。鲁道夫概念化了都市化建筑的模式，这一模式折射出了他在建筑和设计方面持有的方法论。他试图在现有结构水平的基础上解决问题，而不是将特殊的历史问题转换为当代的内容，在这一过程中，鲁道夫发展了他的设计方案。他发展了一套体系，用更加抽象的思考来指导问题的解决，摒弃了那种将直接描述的风格作为传达信息载体的做法。

尽管鲁道夫本人并没有真正成为国际现代建筑会议的成员，但是他一直和CIAM中两名十分活跃的成员：沃尔特·格罗皮乌斯和菲利普·约翰逊保持着密切的联系。格罗皮乌斯甚至向斯特推荐鲁道夫作为美国新一代建筑师的代表加入CIAM从而扩大该组织的基础。[20] CIAM第七次会议的主题是"城市的心脏"，这是由斯特提出来的，他时刻都将美国郊区的建设和欧洲战后的重建放在心上，这也是他在1943年参与的"关于纪念碑式的酒店说明"中萌发的理念的一种延续。在那篇宣言中，斯特和西格弗里德·吉迪恩（Sigfried Giedion）、福纳德·里格（Fernand Leger）一起强调了在建造平民式的纪念碑式建筑物时要注意满足现代建筑的需求，这种需求被他们想象为"人类最高文化需求的表达"。在CIAM第七次会议中，斯特特别强调"如果我们想要为我们的城市做些事情，我们就得重新用城市和市民的语言来说话"。他在处理当前问题时总是将指向未来的模型——例如美国城市发展的城市分散化，从某种程度上讲他是在回顾城市理想的经典定义。

除了CIAM和一些其他影响，鲁道夫的兴趣在对都市化进行自己的定义，这种定义在涉及到当代设计方案时提到了历史的作用：

> 它是现代文明的艺术源泉，它允许，事实上可以说是需要对此时面临的机遇持有一定的观点、认真思考和做出反应，以符合当今时代的精神去执行，但是一定要尊重其以前所作出的努力。新生的事物要依赖已经存在的事物，而且要为将来可能出现的事物负责。如果忽视了过去的经验，或者对过去事物作出了错误

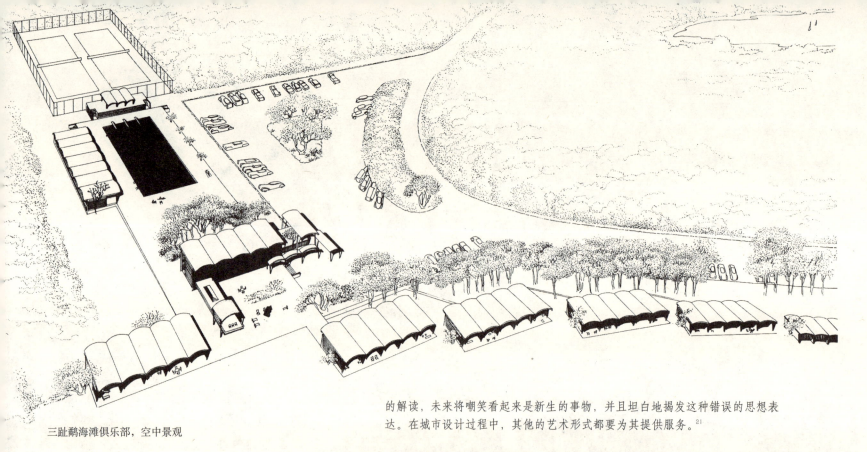

三趾鹬海滩俱乐部,空中景观

的解读,未来将嘲笑看起来是新生的事物,并且坦白地揭发这种错误的思想表达。在城市设计过程中,其他的艺术形式都要为其提供服务。[21]

  三趾鹬海滨俱乐部的设计方案是鲁道夫城市规划观点的一次尝试,这种尝试鼓励了尚未成熟的城市规划思想的发展。一系列连接在一起的建筑材料被叠加在一起,同时使用了胶合板制造的拱顶结构。在这里没有任何一致性:托马斯·杰弗逊(Thomas Jefferson)为弗吉尼亚大学设计的草图蓝本和康拉德·万科斯曼(Conrad Wachsmann)设计的立体构架草图,但是在鲁道夫设计的国会图书馆中这些建筑手法都曾经出现过。这种对比表现出鲁道夫在对待历史建筑形式的沿革和现代建筑的标准模式上的两分法,在以后他的设计作品中这些手法都被利用过。现代工业产品无限的组织能力和城市空间概念的无限发展界定了三趾鹬海滨俱乐部的设计方案。历史建筑模式的解决和富有经验的结构体系成为了鲁道夫设计过程中的首要主题,这些可以以不同规模向前发展——开始于单个家庭住宅的建造,直到规模扩大到在城市范围内进行综合性建筑项目的实践。

  在这里鲁道夫使用了高空透视图的技术手法,这种手法他在其他一些项目中也曾经使用过。这可以看作是19世纪对大规模城市规划图传统使用的绘制手法。想像中从空中俯瞰的效果图绘制手法曾经被柯布使用过,他利用这种手法向大众,包括极富热情的建筑系学生展示战后欧洲城市的重建构想。以飞机座位作为参照点，鲁道夫可以将他关于城市规划的思想运用在设计图中，使其在20世纪时也可以适应最初环境的要求。以这个视角观察，南Siesta Key 未成形的城市规划、公众场所的轴线结构和沿着海岸线交错坐落的海滨浴室等设施的视角联系可以被绘制在同一张草图中。

原始小屋和人种学说的影响

　　鲁道夫经常考虑到委托人、项目、地点或一些特殊的外部因素等引发的各种要求，提供多种设计方案以供委托人选择。考虑到海边干净的地理环境和委托人对项目规模进行限制的要求，一个隐喻着游牧民族的原始小屋方案就在鲁道夫的脑海中形成了，并且十分明确地指向阿拉伯人居住的帐篷。在原始小屋设计图纸中，鲁道夫对早期新古典主义理论形成的基础表现出了浓厚的兴趣，而且还表现出了他对建筑学旧有基础知识的兴趣。这在他日后对太平洋群岛的建筑进行研究时得到了进一步的发展。鲁道夫对人类学的兴趣源自现代主义艺术博物馆的一系列展览，这些展览开始于1946年，由当时的馆长雷内·德哈农考特（Rene d'Harnoncourt）主持的"南方海世界中的艺术"，当时鲁道夫正在布鲁克林的造船所服海军兵役。[22] 从一个更大的范围来看，这一偏好可以被视为源于鲁道夫对早期立体派画家展览的浓厚兴趣，以及后来对超现实主义作品的爱好——当时超现实主义的作品在纽约的艺术展台上十分活跃。

　　经典的原始小屋能够激发创作灵感，这一点在鲁道夫众多作品中最明显地表现在1952年至1953年的沃尔克住宅设计方案中。鲁道夫在佛罗里达州设计的项目中，沃尔克住宅的外形最严格遵守几何图形的概念。沃尔克住宅的框架结构相对比它所坐落的不规则的沙丘而言，十分纯粹，仿佛是"紧紧吸附在沙地上的一只蜘蛛"。在建筑的内部由混凝土框架结构构成了"加重的外壳"面板装置，它为整个建筑在空间上提供了无限伸展的可能性，还可以选择室内不同温度。[23] 每个高度三个面板装置中的两个被绞索在一起，通过使用海军装置中的硬件、绳索和平衡锤使之变得可以操纵。此外，还装有一系列的外部十字交叉的带子，其目的是使得木质框架更加结实，这样当被完全抬高之后，面板装置会变得透明。

　　鲁道夫当然知道吉迪恩关于空间同时性的概念，这一概念在《空间、时间与建筑》中曾经引用过，而这本书是鲁道夫在哈佛大学学习期间的教科书之一。[24] 在鲁道夫的作品中，内部空间与外部空间的流动、内部空间与外部空间的模糊和干扰是经常的主题。在沃尔克住宅中，鲁道夫使用了一个扩展的外部结构使得中等规模的室内空间超越了房屋界限的束缚向外进行了扩展，与此同时又使用了一个框架结构来支撑具有操作性的副翼和入口处的天井。外部框架用大块的落地玻璃装饰，另外还装有小的屏蔽口，以免昆虫的侵入。在这个建筑项目中，鲁道夫在相对简单的笼式框架内定义了一种复杂的空间试验形式。

　　从正视图的角度来看，这种严格的四个正方形的内部规范与三个开间的结构截然不同。内部的每个象限区域都可以作功能性使用，诸如作为起居室、餐厅、服务间或者卧室等等，这种结构是鲁道夫利用船型内部构造的又一个例子。然而，起居室并没有归入房屋的内部结构：副翼系统和外部框架都充当了

传统意义上被围拢的门廊。许多邻近的区域也被归入了建筑的"领地",在增加建筑项目可使用面积方面意义重大。

整座建筑完全采用了典型的木材侧面作为原料,是一个使用非定制技术的例子,其特点是可以针对特定的居住环境、特定区域和特殊的历史沿革作出诗意的反应。使用一般建筑材料的目的是为了纪念和标明美国人民注重实效的特点。与密斯在范斯沃斯住宅中使用的白色钢质框架相比,这种结构更加实用,这是因为每一个结构代表了美国技术所限定的横梁式结构的重复使用。但是在这里,密斯使用过的超现实主义式的I型横梁被更加实际可行的木材代替了,这些木材用非定制的接线柱连接在一起,对于劳动密集型的钢结构来说提供了一个更容易做到的选择方案。与1951年鲁道夫与拉尔夫合作设计的、注定会遭到失败的方案不同,这个方案在委托人和建筑师之间引起的摩擦少得可怜。在接到沃尔特·沃克尔(Walt Walker)恳请其考虑接受这个项目口信的两周之后,鲁道夫在其离开城镇前往教学的路上接到了一套关于这个建筑项目的书面材料。四张草草完成的素描图被交到了鲁道夫的手里,这些素描图表明了这个项目的具体规划要求和建筑要求。考虑到这些文件最快的周转速度,谁都不会想到鲁道夫在接到真实的文件以前已经在脑海中有了设计方案的轮廓。惟一被遗漏的就是一个被灌木丛围绕的一片空旷的区域,在这片空旷区域中可以建造一个小型的礼拜堂。

鲁道夫越来越多地将建筑形式的历史沿革与现代的建筑材料和建筑技术相结合的做法直接袒露在争执各方的面前:战后是否应该关注、甚至是否有这种可能性在建筑手法中运用纪念式的表现手法。随着鲁道夫在《观点》第一次争论中表现出来的特征,亨利·侯普·里德(Henry Hope Reed)写了一篇题目为《纪念碑式的建筑》的文章。在这篇文章的中间部分他向读者展示了这样一个进退两难的局面:

> 什么是纪念碑式的建筑物呢?顺便提一句,这个词语在建筑学意义上还是很新鲜的。一百多年前罗斯金(Ruskin)只是用诸如庄严、雄伟、辉煌等词语来表现力量。今天在哪里能够寻找到这样的代表呢?甚至即便是我们努力去建造一幢具有纪念碑意义的建筑物,最后都会落得失败的悲惨境地。建造纪念碑式建筑物的工具也已失传了。[25]

鲁道夫对建筑中需要有纪念碑式表达手法的需要无疑是抱有同情心的,但是通过传统方式所达到的效果与里德所持的见解大相径庭。乔斯·略易斯·斯特、福纳德·里格(Fernand Leger)以及西格弗里德·吉迪恩(Sigfried Giedion)在其"关于纪念碑建筑的九点意见"中提供了一个更引人注目的观点,他们希望借此通过非写实主义的方式重新赢得"集体的力量"。在他们的方案中,"建筑和城市的规划应当有更新的自由,发展新的创造可能性,例如在过去几十年中在绘画、雕塑、音乐和诗歌等领域中已经开始的新发展。"

在20世纪50年代早期,尽管鲁道夫总是被住宅建造任务包围着,但是他的工作还是在不断发展的

上图:沃克客居住宅,以住宅一边为观测点
左图:沃克客居住宅,北边的主要入口

公众建筑领域得到了扩展，并且开始承担像美国驻约旦大使馆这样的大型建筑项目。

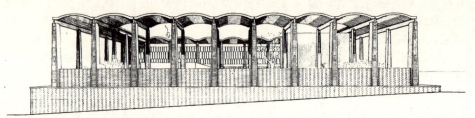

美国驻约旦阿曼大使馆，细节图解

利多海滨浴场

在这段时间里，鲁道夫主要的客户包括开发商、旅游学家、业余人种学家和摄影师菲利普·汉森·希斯（Philip Hanson Hiss）。菲利普·希斯是一个土生土长的康涅狄格州纽卡纳安人，他参加了乔特学院，并在购买了一辆越野自行车后与一位朋友同行到了美国南部，由此接受了一次非正式的培训。这次远足使得他有机会攀越安第斯山脉，横渡亚马逊河畔，一年之后又返回了迈阿密州，搭乘美国泛美航空公司的航班飞回南部美国。[26] 在来到萨拉索塔以前，希斯将他的探险行动扩展到了夏威夷、日本、中国、东南亚、澳大利亚和海地。由于有相当充裕的收入，希斯可以将他的热情毫无保留地投入到摄影、探险和人类学上面。在很久以前他就完成了两本游记，一本关于荷兰西印度群岛，一本关于巴厘岛。第二本关于巴厘岛的著作基于他在1939年进行的一次探险活动，当时正逢第二次世界大战在欧洲的爆发。这本书的章节题目包括宗教、节日、音乐、舞蹈和政府等传统人类学的研究范畴，但是在结束部分除了巴厘岛人的生活艺术介绍之外还有艺术和建筑的介绍。所有这些都很有意义地影响了希斯在萨拉索塔置办不动产。[27] 在以后他通常会考虑"建筑环境"的时候，这种早期形成的关于建筑适宜地理位置的思想十分有用。他对这种观念的兴趣可以很快出现在文章中，他的文章探索给予文化进行改良的建筑形式，有发展潜力的建筑材料和适合当地气温的温度控制设备。

由于继续被温暖的气候吸引着，希斯在1948年搬迁到了佛罗里达州，并且把全部的时间都花在了这个地方。他做好了对热带气候的适应工作，并且决定对此进行文化上的比较工作。在结束了为航天情报局的服务后，他重新回到了佛罗里达州，并且在美国大使馆担任助理大使，工作地点为荷兰。在萨拉索塔，希斯将其涉及面很广的兴趣爱好简约为一个：那就是在美国住房市场上试图去建立一个新的基准点。正如在20世纪40年代很多重新回到佛罗里达州安家落户的人们一样，希斯对将要开始的新生活充满无限的乐观主义。

在当地建筑师比尔·齐默曼（Bill Zimmerman）帮助下，希斯购买了一块不动产，这块土地就临近利多海滨浴场。在最初的设想中，这片区域是计划被作为海军舰队进入萨拉索塔海湾的入口的，以深水港的形式提供商业流入流出的通道。已经在临近挖掘了"新通道"，但是在完工之前沙地已经向后缓缓推延了。这次失败的尝试工作对海岸线的重新规划为希斯打开了大门，从而可以在这片脆弱而不断变化的生态系统中进行房屋建造的最初尝试和探索。

利多海滨浴场是一片贫瘠的、被沙子覆盖的土地，主要是南北走向，直到西面一直被墨西哥海湾围绕着，沿海岸的道路是指向东的，而萨拉索塔海湾就在其上方。由于这片狭长的区域位于整个地区的上游，所以并不像邻近的区域那样容易遭受到洪水的侵袭。由于利多海滨浴场戏剧化地与萨拉索塔海湾和墨西哥海湾在地理位置上都很接近，所以这就给希斯提供了一个很好的机遇将其关于房屋建造的理念付诸于实践。首先，希斯及其合作团队在墨西哥海湾为希斯的家人设计和建造了一座住宅。在此之后，他在利多的东部边缘设计了一座住宅，用于存放自己的收藏品并充当书房。这座建筑是萨拉索塔最早拥有空调设备的建筑之一，该陈列室/书房沿路边建造，其许多方面在利多海滨众多建筑中都是特立独行的。希斯是这样评价这座建筑的：它是一个由技术决定结构的例子，与周边的环境尽可能少地发生联系：

> 这座房子使用的是焊接的铁框结构，所有的窗户都装有吸热的平面玻璃以及用铝做表面修饰的帷帐来反射热量。整幢建筑都安装空调设备。所有的玻璃都是固定的，将室内与外界的尘土、潮咸的空气、海风、雨水以及噪音隔绝开来。[28]

在当地，带有空调设备的房屋在投机性的房地产界仍然是有成本上的局限的，但是在这个例子中，该建筑的设计方案是很实际的。在这里，对希斯的藏书以及财产进行保护要远远重于这个项目本身要传达的建筑理念。房屋的地基要比邻近的街道高，这样还可以在室内向西眺望墨西哥海湾，向东眺望萨拉索塔海湾。希斯很快就发现了这种新型技术在私人住宅市场中得到运用所彰显的意义了：

> 在这里住宅的建造将越来越趋于最大化地利用空气的通风系统，这样房屋的结构就会更加紧凑，大面积的住宅很可能将继续向两层楼结构发展，或者向着相互分离的层式住宅方向发展，而不是沿着旧有牧场式的发散的住宅方向发展。越来越多的两层式住宅的出现将会向使用空调设备的方向发展……人们经常会忽视两层式住宅的一些优点，包括从二层楼可以看到更好的风景、空气循环的效果更好，以及有更多的私密空间。[29]

上图：菲利普·汉森·希斯的巴厘岛，图为该书封皮

下图：赖斯在巴厘岛上的摄影作品

伞屋，较远处是希斯陈列室/书房

希斯的技术决定论仅仅是他众多理念中的一部分，而且要和他长期以来对人种学的兴趣联系起来理解。在希斯关于巴厘岛的著作中，包括了许多由于独特的地理变化和文化景致的不同而产生的建筑的发展。为了继续沿着这种思维的主线发展，希斯开始对南部农业产生了兴趣，他力求探寻南部农业本质的特征，并把这作为区域情感表达的基础。这座完全与外界隔绝的陈列室/书房为其特殊的建筑意图作出了极好的回应，同时也很及时地与佛罗里达州的建筑文化很好地契合在一起。但是与此同时另外一个更为重要的建筑项目正在同步发展着，它与希斯关于人种学的研究更加相关，是一个综合性的复杂的适合当地特征的建筑项目。在临近希斯的陈列室/书房的空地上，鲁道夫和希斯计划建造一幢包含有三个卧室的私人住宅，以期将利多海滨浴场带入国际建筑界的视野之内。

经过长时间的思索和探讨，伞屋于1953年设计完工，因为采用了大至能够遮住房屋整体的遮蔽伞结构而得名。伞状结构之下还有一个朝向西的正式入口，以及一个朝向东的池塘；两者之间用一个封闭的柱体联系在一起。"遮阳屋顶"细薄的结构框架是由一根根标准的木质长柱组成的，中间都留有间隔，用标准的部件螺旋固定在一起。这一结构与房屋的主体结构连在一起，其外部用一系列的钢质斜拉角部件支撑。一个优雅简洁的木板系统修建在价格并不很贵的番茄枝外围，并向外扩展，为天井制造了错综复杂的纹理。这一简单的装置为其下主要的生活区域提供了过滤过的光线，在光和影之间制造了生动和谐的关系，并为整个结构营造了某种秩序的感觉。在这个建筑项目中，鲁道夫从希斯那里接受了很多本地化的指导，将抽象标准化模式的词汇运用于当地的实际情况。[30]在提到南部的建筑时，希斯这样写道：

> 在典型的南部住宅中，第一层总要比地基高几英尺，以防止潮湿，并且有利于海风的进入。宽大的阳台可以将刺眼的阳光隔绝在室外，并且免于雨滴的侵入。这种优雅的建筑形式既具有美学上的意义，又是十分实用的。它能够完全发挥建筑材料的专业用途，并且能够完全利用现有的技术水平。[31]

在关于巴厘岛的著作中，希斯总结了有可能成为他自己生活状态写照的情形："人们对其居住环境的适应程度就是他们衡量是否幸福的标尺。"[32]与希斯对房屋建筑以往分析交相呼应的是，鲁道夫将伞屋抬离地面两英尺，以提供空气的循环和强调"自然因素与人造因素"之间的分离。呈矩形的主要起居室完全遵循几何造型，其墙上安装有落地的百叶窗，可以使起居室在需要的时候向东或向西完全展开在海风之中。垂直的柏木壁板保有本色的灰色调，将房间从北到南完全封闭了起来，与此同时一块巨大的平面玻璃加强了室内向池塘区域视野的扩展效果。

这种两层高住宅的设计方案可以提供更好的视野，而且可以更容易地呼吸到新鲜的空气，但是高达17英尺的空间也为鲁道夫在利汶固德住宅之后提供了一个提高内部空间质量的机会。经由两节台阶，可以到达主要入口和住宅的第一层，楼梯下面靠近壁炉的区域有一个凹室，可供阅读和会客。在楼梯顶端的架桥位于主要空间中，其功能并不固定，可以从东面一直望到西面。再往上两级台阶就可以到达侧卧室了，靠南边的卧室中有一个壁板系统和设计好的抽屉，与下方的起居室相连，靠北边的卧室靠柱子支撑，并且为位于其下的餐室充当拱顶。这种通过不断内外部空间的迂回运动阐述了建筑本身的空间特征，与外部沉静的氛围恰好相反。

在架桥上还可以看到通往东方的道路——这对于鲁道夫来说是一个很重要的方面。对于现代建筑来说，广告总是完整组成中的一部分，这件建筑作品仍然要和大众保持联系，应当被大众广泛知晓。该住宅位于由北向Longboat key的一段公路的急转弯处，从住宅的主体部分看去可以看到四分之三的伞屋结构。在某种意义上，它充当了阐述利多海滩浴场建筑物的宣传栏。从鲁道夫的许多幅素描图中可以看出他对停下来休息和正在运行的汽车的兴趣，这一兴趣也正是鲁道夫早期许多设计图中关键的因素。当汽车在转弯处行驶时，霎那间会对池塘上方阳台产生这样的印象：在僻静的街边房屋中或许会有一些不同寻常的东西在等待着参观者的到来。

新型建筑原料的出现和新的建筑方法论的出现在鲁道夫的许多设计作品中相互缠绕，起初始于兰蒙里斯克住宅、蚕茧小屋和里维尔住宅的设计图，但是直至伞屋这种设计方案才以鲜明的纯形式特征确定下来。在更大的体系中，设计中的技术层面问题是不予重视的。历史、城市主义和地方色彩现在都是首要考虑的问题，而主要生活空间的非地质构造的表达将结构决定主义放了后面。在这种情况下，鲁道夫继续在各种影响力的基础上调整其建筑理念使之适应当地环境内在特征的需要。在庞大的建筑设计方案中增加了特殊的区域特征考虑，在经典的都市化框架下建立与本地发展相适应模式的实验。

伞屋，东面观测图

地方主义以及其他

在伞屋的设计过程中，鲁道夫去密西西比州的比洛克西参加了由美国建筑师协会组织的"海湾州会议"，在这次会议上他第一次公开表明了自己对于地方主义的见解。与理查德·纽伊特拉（Richard Neutra）、克里斯托弗·特纳德（Christopher Tunnard）等人一起，鲁道夫开始审视社会、文化、经济、建筑结构和环境对南部地区性现代主义的影响。在一篇短文中，克里斯托弗将反对"纪念碑式建筑的无状态"与全球性不加选择的发展联系了起来。纽黑尔试图通过制作表格的方法表明在西部建筑发展的过程中亚热带气温对其的历史影响，在各个地区之间建立全球的交叉文化联系：

> 宏伟的交叉文化和建筑学的文化遗产都是源于亚热带文化的，人类本身就是属于南部的……无论是哲人还是普通人，当他们在内心就是一个南部人时，那么无论在世界的哪个地方，总会发现北方人都太擅长建造了。[33]

在提及他自己发展的建筑设计方法时，鲁道夫平静地阐述了自己的思想："地方特色是所有好建筑都具备的一部分，对于地方主义，我们既不应该抵制，也不应该过分强调，而是要接受这一事实的存

保罗·鲁道夫，肖像

在。"³⁴ 在任何一个项目中，地方特色都在鲁道夫的设计方案中扮演着不可缺少的角色，但是这只是同时影响最终设计诸多因素中的一个。对适应本地要求进行方案调整的最初关注和本地特色诸如文化、气候和城市规划等在建筑中的合理影响可以直接追溯到鲁道夫早期对赖特作品中建筑与地理位置相融合的兴趣，而鲁道夫在亚拉巴马技术学院攻读硕士学位时就开始了对此的研究。³⁵ 在与特威切尔合作的项目中就已经表现出了这种倾向：将住宅紧贴地面，强调与周边环境的亲密关系，将花园院落包括在住宅之中，扩展房屋的内部空间。鲁道夫从他的旅行和在哈佛的经历中学习到了许多关于当地特殊建筑技术和特殊建筑原材料的知识，他将这些整合在一起，形成了自己的体系，在对当地地形和文化倾向了若指掌的情况下就很容易开展工作了。

接下来的那年，哈威尔·汉密尔顿·哈里斯（Harwell Hamilton Harris）在"西北地区会议"中将这些论题重新阐明、在一套相反的理论中对其加以定义。他想在"地区主义的局限"和"自由主义"两套体系里划分清晰的界限，并且使用了美国南部的例子。³⁶ 在讨论新奥尔良的法国区的建筑物时，哈里斯这样总结道：

> 地方主义就是当整个世界都在改变的同时仍然保持原地静止的结果……地方主义更多地关注如何保持陈旧的调调，而不愿意表达新的思想。地方主义是反都市化、反进步主义的。这样的地方主义会变成错误的、持有地方优越感思想的掩护，只会为固有的无知和劣根性提供帮助。很高兴的是，这样的地方主义在我们更加成为一个世界的时候逐渐地消逝了。让我们把这种地方主义称为限制主义的地方主义吧。

> 与限制主义的地方主义相反的还有一种类型的地方主义：自由主义的地方主义。它是对地区发展的一种展示，尤其是与这个时代出现的新思想相一致。我们将这种"展示"称之为"地区主义"仅仅是因为它在别的地方还没有出现。这种现象只是这一地区才具有的表现，比被普遍的得知和普遍的自由包含的内涵更深。对该区域之外的世界其他部分，这种现象有十分重要的意义。³⁷

鲁道夫对地方主义抱有相似的关注态度，并且这种态度在萨拉索塔之外的影响下更加被激励了。在伞屋的完成过程中，鲁道夫到巴西圣保罗接受"杰出青年建筑师"的奖励称号。这次重要的国际性褒奖将鲁道夫带到了同时代建筑师中最杰出的位置上，尽管是令人羡慕的，但同时也不是很舒服的。这次旅行加强了他对柯布与卢斯欧·康斯塔（Lucio Costa）、奥斯卡·尼迈耶（Oscar Niemeyer）以及团队中其他人合作完成的作品，如位于里约热内卢的教育部大厦、文化楼，以及尼迈耶在潘普利亚极具表现力的当地作品。1954年，鲁道夫来到约旦，完成其第一个国际性的公众建筑项目，事实上，这也是他第一个在佛罗里达州之外的公众建筑项目。在这个项目中，鲁道夫接触到了阿拉伯地区文化和建筑文化的第一手资料，并且在更加没有框架限制的情况下继续进行适合当地情况的建筑方案设计的研究。

在经常性的旅行过程中，鲁道夫获得了一套新的思想，但是他对地方主义的最初了解还要追溯到在哈佛对格罗皮乌斯的跟随。在出版于1949年的评论性文章《L'Architecture d'aujourd'hui》中，鲁道夫主要讨论了在美国的格罗皮乌斯这一题目。引录自这篇文章中的这段话表明了格罗皮乌斯这位贤师良友在地方主义方面对鲁道夫起到的作用：

> 今天我们已经足够清醒地知道了对传统的尊敬并不是意味着沾沾自喜地接受过去偶然成功的因素，也不是意味着简单地对过去审美形式的模仿。我们开始知道设计的传统总是意味着要保持最本质的特征，而这些最本质的特征源于居住于此的人们永恒持有的习俗。[38]

在1957年第四期的《观察》中，鲁道夫继续发展了这一话题，肯定了本土化对他们这一代建筑师的复杂影响：

> 我建议你们仔细注意那些我们视为未受过高等教育的野蛮人，以及他们解决问题的方式，他们在过去是怎样解决问题的，现在仍旧是用同样的方法解决问题。当然，我指的是当地的建筑问题。我更经常地思考当人们很自然地将问题的解决任务交给机器时，是否想到自己动手的话可能结果会更好。这可能能够解决那些往往建筑师们会遗忘的问题。[39]

对包括鲁道夫在内的那一代建筑师们而言，在20世纪50年代里解读现代主义的同时，对一个地区的本质特征进行定义并加以利用是对现代主义住宅内在的结构框架进行质疑的很重要的组成部分。地方主义成为了将一个地区特殊的文化和特有的性征加入到当代建筑文化的载体了。地方主义还可以使那一代建筑师们超越以欧洲现代主义为范例的标准教科书，并且深入到其自身的历史中。尤其是鲁道夫，开始研究柯布晚期的作品，甚至对其早期住宅建筑中的某些特征进行了研究，以此作为解决当时环境下遇到复杂问题的范例。从萨拉索塔鲁道夫的作品中可以看出他对柯布的关注，诸如在芬尼住宅早期设计中他采用的组织结构，这种建筑手法在胡克住宅和伞屋中得到了最终的发展。

上图：科恩住宅，初步设计细节图

下图：科恩住宅，参赛细节图

永不停歇的建筑实践

在20世纪50年代中期鲁道夫及其同时代的一些建筑师们一直处于如何能够将都市主义、纪念碑式的建筑、地方主义和人种学等各种各样的指导方法整合成一个有内聚力的方法论的两难境地。这种不平静的情形在鲁道夫1953年至1955年对科恩住宅设计问题的解决过程中十分明显地凸现了出来。[40]

为大卫和安利恩·科恩（Eleene Cohen）设计的第一个建筑方案的目的是在社区中反映出他们音乐气质的生活方式和他们在社区中的形象。最初的设计是沃尔克住宅中正方形模型的扩展，只是增加了一个分离式的车库和一个悬挂在空中封顶的通道，在各个组成部分中营造了一种动态的效果。空间透视图在空间描述了两种截然不同的物体，房屋的主体部分和由一个外部的通道连接在一起的车库。可活动的副翼系统的设计灵感也是来自于沃尔克住宅的设计方案，但是在这里进行了调整和扩展以适应更为复杂的内部结构。在这个方案中最初模型在概念上的纯净化并不明显了，这是因为各个部分都是不对称放置的，主要的生活空间占地很大，而且有一个可以容纳88个人的休息空间。房屋的三面都有可以活动的副翼和裸露的混凝土框架结构，西部立面有一个与其同样大小的悬臂作为装饰。

房屋中没有解决的部分从未发表过，很快因为委托人有了更加紧急的需要而搁置在了一边。与此同时，一个新的计划正在发展中，就是鲁道夫被推选到圣保罗接受年轻建筑师的荣誉称号。这种观点是在奥斯卡·尼迈耶（Oscar Niemeyer）具有感染力作品的影响下，还是由于他作为同代建筑师中最杰出的一员新地位确立的影响下形成的，这都不可知。但是确实从这个时候开始鲁道夫感觉到了有必要设计一种方案，在这个方案中他可以不受约束地作出决策，从而清晰地表达出他目前所处的地位。在联系到芬尼住宅最初设计方案的调整和两层高的利汶固德住宅的设计方案，鲁道夫超越了委托人想要表达的愿望，在室内设计中使用了尖锐的边角。这种现代化的方案席卷了1954年的"建筑师进步奖"，在居住方面和整体构造方面都赢得了设计奖的第一名。[41]在500个参赛作品中，鲁道夫具有现代主义风格的科恩住宅被认为是"最新颖的建筑作品"和"最有进展的建筑作品"等两项提名。

在伞屋建造过程中，对空间错综复杂的清晰度的扩展是在房屋内部空间中进行近似都市化设计的一次尝试。[42]表面上看上去具有承接关系的双层高度的空间被认为是鲁道夫在偏远地区建造住宅时脑海中常常存有的影像，这方面的例子有鲁道夫和特威切尔合作设计的利汶固德住宅和沃尔克住宅。在几次试图向其委托人说明两层楼设计方案的好处因为不断增加的工程预算遭到失败之后，最终达成了一个方案：这个方案既吸取了最初方案中的思路，又从高度公众化的观念中汲取了一些经验。房屋的主体延南北轴线继续朝向东，东西两个方向都有向外很多的突出部分。一个遮阳游廊正好面对路易斯海湾，较远一边的蚕茧小屋位于房屋西部正面的主体部分。在最终的设计方案中完全取消了副翼系统，外部的混凝与框架结构得到了保留，以界定生活区域和形成悬垂部分的遮掩。在这里采用的是全空调系统，与当时中产阶级的口味正好相符，这个空调系统通过利用一套复杂的仪器来调节温度。[43]鲁道夫使用了许多低科技含量的实验设备用来使建筑物与当地的气候和当地的文化产生联系，然而在这里为了达到一个可控

科恩住宅,建造图。东南方向车道入口处观测

上图：迪灵住宅，东北方向观测
下图：迪灵住宅，主卧室正前方可以看到墨西哥海湾

的内部环境和一个表面上看起来很稳固、经典的组成部分而被放弃了。

在科恩住宅扩展部分设计的阶段，是否装有空调设备成为了整个国家中产阶级住宅的标准特征。[44]在佛罗里达州这一技术对许多居民一直以来就有的季节性居住的习惯产生了深远的影响。现在在住宅市场上具有温度调节功能的住宅已经变得很普及了，这样对于那些每年在此仅仅居住一段时间的人们就有了在这里逗留整整一年的可能性，对他们而言这是一个很吸引人的主意。在这段时间里，单个家庭的住宅市场得到了发展和扩张。《住宅和家庭》杂志预测1956年将会有像私人住宅那样曾经有过的在经济上最大规模的发展。人们预测房地产界总体的数目将会达到1亿4千万美元，这个数字要比1950年战后房地产界发展最高峰还要高3千万美元。[45]私人住宅的开发据言将会减少，但是每一座私人住宅昂贵的价格将会大大地抵消销售量的减少。收入的增加和家庭空间的增加在住宅设计概念的变化中成为了十分有意义的因素。

从小规模建造到大量建造

弗雷德里克·迪灵（Frederic Deering）夫妇的住宅位于凯西凯，设计于1956年，其后用了两年的时间完成。它代表了鲁道夫作品发展的新方向。在这座建筑的正面大胆使用了正式的纪念碑式的建筑手法。[46]伞屋和沃尔克住宅都参考了古典建筑形式和轻巧的建筑原材料，迪灵住宅只是建立在规模宏大的基础上来表现其纪念的意义。这一坚实的大厦在这片沙地上留下了意义深远的遗迹，为已经远逝的那个时代留下了庄严的纪念。

迪灵住宅是由典型层叠的石灰石砌块、加固的实心过梁和作为表面装饰材料裸露的柏木组成的，看起来很优雅却又是包裹在内部的，将海滩边上的两间卧室建造成一种充满卓而不群力量的结构。东面和西面的立面由九根柱子支撑，这些柱子都是由层叠的石灰石组成的，使用相同的勾缝和节点，外观的格调从远处看去有庄严肃穆的感觉，近处观察又有亲切平和的感觉。七个落地的格窗位于入口立面的垂直结构之间，为整体提供了更优秀的细部装饰，而且更好地反映了这座建筑的真实规模。这种受限制的颜色一直向室内延伸，与其周围的环境产生了共鸣。白色的磨石子地板，米色的石板和微微弄脏了一些已达到模仿周围环境颜色的目的，以及海滩的结构，都与建筑物所在的地理位置形成了相似的友好关系。

空间的复杂性在房屋中和在矩形的石灰凹室中得到了强调。鲁道夫在他的设计中谈及了在另外一个设计中的感觉，他通过使用一个L形状的柱子包裹一间高耸的外部房间，并通过平台与主要的内部空间相连接。当太阳光在柱子上移动时，实心部分和透明部分产生交相辉映的视觉效果，柱子上的光影在内部空间不断地发生着移动。由于鲁道夫更多使用了混凝土技术，而不是利用重量较轻的建筑原材料，整个建筑给人的感觉是能够抵御威胁整个佛罗里达州海岸社区的、潜在的季节性飓风。

公用房间和私人房间都按照朝向西内部/外部安有格窗的起居室（44英尺长，16.5英尺高）布置，利用九个裸露的柱子在东面和西面将之加以限定。有格窗的凉亭是整个房屋的中心区域，占据了全部地基的一半，这样房屋的主人就可以利用这个大空间在这里招待他的客人们。滑动玻璃墙将起居室空间与"佛罗里达州式"双层高的空间连接在一起。有一个布帘从地面向上卷着，用来保护卧室和书房免受西部集中太阳光线的照耀，并且从顶棚一直向下保留了一条丝毫不受阻挡的光线。为了在东面室内制造私密性的感觉，每个支撑结构之间都安装着格窗，尽可能减少视线和光线的进入和干扰。

鲁道夫及其项目建筑师伯特·布朗斯密斯（Bert Brosmith）为了衬托这座规模宏大的建筑，还设计了一套细节设计的系统，在该系统中每一建筑原料都用联结点清晰地区分开，从而在外观上达到精细和轻盈的效果。物体仿佛在粗糙的石块框架上漂浮。厨房壁橱和内置的家具也使用了轻轻涂了些颜色的柏木，采用相似的细节处理手法强调了它们与混凝土所不同的轻盈和精巧。按照鲁道夫写出的条款对房屋进行了恰到好处的装修，这座建筑紧贴地平面建造，与内部高耸的空间远景和较远处的房屋结构相互呼应。

迪灵住宅，外部立面细部

迪灵住宅，柏木细部

向北的迁徙

1958年保罗·鲁道夫接受了耶鲁大学建筑学院主席的任命，在纽黑文开设了一个工作室，留下伯特·布朗斯密斯主持在萨拉索塔的工作室。一年之后纽黑文的工作室接受了米兰姆（Milam）住宅的建造任务，委托人夫妇来自位于佛罗里达州东海岸、靠近杰克逊维尔的圣约翰村。米兰姆夫妇在萨拉索塔的观光已经熟悉了鲁道夫的建筑作品，并获得了关于其作品的第一手资料，这其中包括正在修建的新萨拉索塔高等中学。[47]新萨拉索塔高等中学与迪灵住宅一道为鲁道夫的建筑生涯铺平了道路，并成为了他事业发展的转折点。[48]鲁道夫萨拉索塔的工作室最终于1960年四月关闭了，只留下监理罗伯特·欧内斯特（Robert Ernest）在当地处理日常事务。关于这个项目的所有设计和建造草图都在纽黑文完成，这样就实际上切断了鲁道夫和萨拉索塔在地理上的联系，而正是在萨拉索塔鲁道夫发展了20年的建筑事业。

米兰姆住宅代表了一种修订了的设计方法论，这是因为它是第一件没有使用整体表达模型（见145页的项目描述）的概念化的作品。另外，轻盈的、视线控制设施的不匀称布置继续在鲁道夫的作品中出现，这源于他对柯布后期作品的喜好。尤其是他在印度使用的温度调节装置，这一作品早几年就已经完成了。[49]空间三维心理学的定义源于早期现代主义——维也纳建筑师阿道尔夫·卢斯（Adolph Loos）对"空间设计"的理念，利用与日常生活习惯相呼应的各个部分的素描图来设计室内的空间。

与鲁道夫以前大部分作品不同的是，米兰姆住宅是全空调的，将其与周边的其他景致断然地切分开来，果断地与早在20世纪40年代与特威切尔合作时采取的将建筑物与周边环境紧密结合在一起的建筑理念分手了。所有主要开窗处都有固定的双层玻璃，可以在视觉上与外界很好地发生联系；现在室内的视线都首先被限制在框架之中了，并且接受外部室内在处理的指导。这件作品也是在混凝土作为一种建筑原料发展过程中的一个十分有意义的宣言，是鲁道夫在进入20世纪60年代的一件试验作品。这个项目最初的框架在视觉上表现得甚至更加复杂，全部都采用放置得恰到好处的混凝土浇筑而成。最终这个项目成为了迪灵住宅精致的附件，这是因为其组织结构和建造方法很相似，它们奠定了鲁道夫日后公众建筑项目所必需的事业基础。对各个组成部分的精细处理与鲁道夫早年在耶鲁大学艺术和建筑大楼的设计草图中的表现十分相像，这些手法在鲁道夫纽黑文工作室中得到了进一步的发展。

米兰姆住宅，东南方向观望

萨拉索塔高等学校，1958~1960年

在别处的实践

由于鲁道夫的建筑实践向东北部的大型建筑项目转移，这使得他的演讲范围更加扩大了，萨拉索塔的公众开始怀疑他在佛罗里达州的工作是否能够进行。菲利普·希斯总是在严格的审视之下，试图将自由的议事日程加入到萨拉索塔地方教育董事会和课程安排中。他的堂弟阿尔杰·希斯（Alger Hiss）在围绕着鲁道夫国际化声誉的辩论中更添加了保守主义嚣张的气焰。最终希斯在1960年从地方教育董事会中退出了，专注于新学院的发展计划，一个地方性的、由私人出资建立的自由发展的艺术学院很快也成为了争论的话题。[50]同年鲁道夫就萨拉索塔高等中学的扩建方案向公众公开征集意见，其结果是以希斯作为主席的地方教育董事会决定了最终的方案，以此作为戏剧性的收场。[51]萨拉索塔很快不再以当代建筑中心活跃在国内舞台上了，取而代之的是作为有利可图的旅游经济地区活跃起来了。

由于在剑桥、纽黑文和纽约鲁道夫都成立了工作室，所以他可以更多地将注意力放在主要学院和公众建筑项目上去，而这些项目在接下来的20多年在其建筑事业生涯中占领了主导地位。1962年，鲁道夫44岁，他又一次处于关键时期，正如建筑类文章"鲁道夫正处于十字路口"、"鲁道夫将往哪里去？"等指出的那样。他在耶鲁大学的任期已满，一些被普遍关注的建筑项目也已经完工了，这其中包括位于韦尔斯利的马丽·库珀·朱艾特艺术中心、位于纽黑文的格里利纪念图书馆、位于波士顿的蓝乘蓝庇护所，以及佛罗里达州的两所高等学校。考虑到这一组公众建筑项目带来的不同影响，批评家们在寻找着正处于中年的鲁道夫发展新方向的一些迹象。他是否能够由一名佛罗里达州地区式的建筑师转向一名在东北部进行主要大型公众项目设计的建筑师，这成为了有争议的问题。

为了给这个问题寻找答案，许多他的批评家和同事们开始关注耶鲁大学艺术和建筑大楼的建造过程，这一项目当时正在进行。在这个新项目中，鲁道夫实现了许多他于1954年向美国建筑师协会国家标准提交的《正在发生改变的建筑哲学》中为自己设立的目标：

> 我们迫切地需要重新学习布置建筑空间的艺术，从而制造出不同类型的空间：安静的、封闭的甚至是孤立的空间，充满了生机和活力的拥塞空间，铺砌石子的、庄严的、空旷的、壮丽的、甚至弘扬崇高精神的空间，充满神秘感的空间，充满变数的空间，在这里各种甚至是相反类型的特征被区分、

却又同时被联系在一起。⁵²

当鲁道夫迈入新的十年时,他在这些项目空间构造上集中的个人色彩甚至心理学色彩得到了最终的表达。无论是在米兰姆住宅还是在早期的艺术和建筑大楼中,都抛弃了整体的结构表达和鲁道夫早期设计中对地方主义的重视:当时他喜欢复杂的空间互动和对外部结构视觉效果的强烈关注。试图概括鲁道夫的地位不可避免是一个有争议的任务,这是因为他总是在不同的层面从事工作,但是这种对其在空间和视觉方面集中的发自内心的探索在他之后的作品中得到了证明。米兰姆住宅中使用薄的层叠结构正好与佛罗里达州明朗的天空相呼应,而在艺术和建筑大楼、塔街停车场加油站和波士顿政府中心中,这种表现手法就让步给粗糙表面了。在以上每一个建筑项目中,鲁道夫都对他在20世纪60年代早期作品中受"野兽派艺术"的影响痕迹提出了内在的批评。对鲁道夫来说,佛罗里达的作品标志着他在建筑事业上的一个新转折。与十年前和特威切尔合作终结的本质相似,他意识到了自己能够从佛罗里达的鲁道夫时代中得到什么,并且准备开始事业上的一个新转折。

由于鲁道夫已经从事了35年的建筑实践,他继续利用住宅的建造进行自己建筑理念的实验。最好的例子当然就是他在曼哈顿比克曼(Beekman)大厦中的公寓了,从1977年到1997年他离世这22年的时间段中,鲁道夫一直不停地对他的公寓进行标准化改造。室内的设计可以作为建筑试验的场所,这在其他一些住宅项目中也曾经被利用过,例如沃思堡的住宅和晚些时候东南亚的一些作品,但是再没有那样的作品能够像鲁道夫在佛罗里达州的作品那样占有优势了。⁵³很显然,中等规模的项目不能够承担为鲁道夫日益增加的设计表达的多面性服务的任务了。空间安排的复杂性和原料使用中相互矛盾的要求都超出了最具有影响力的住宅建筑项目能够承载的能量。

注释

1 见路易斯·康在建筑职业生涯在同时期的进展,包括其在耶鲁大学的大学艺术陈列室。

2 雷金纳德·伊莎贝尔(Reginald Isabel),格罗皮乌斯:包豪斯缔造者的插图传记(波士顿,布尔芬奇出版社,1991年):271 页。

3 "1952年的优秀设计:保罗·鲁道夫的设计引起了轰动。"建筑实录(1952年3月):26 页。

4 鲁道夫为纽约举行的展览进行了重新设计,他不仅考虑到了特殊的地理环境和不同的灯光效果,还从总体上对城市和区域概念拥有自己的任职。见玛丽·安·斯坦尼茨万斯柯(Mary Ann Staniszewski)撰写的展览的力量:现代主义艺术博物馆展览布置的一段故事。并且关于"精心设计的展览"中鲁道夫设计方案更详尽的资料可以在博物馆查到。

5 鲁道夫在这个时期可以很好的达到既定的目标——在现代主义艺术展览中得到一名富有献身精神的绘图员。

6 菲利普·约翰逊也陷入了哈佛阵营,但是他的血统却更直接地可以追溯到路德维希·密斯·凡德罗,他出版于1947年的第一本专著就是关于密斯的作品。

7 欲知更多关于耶鲁大学建筑课程计划的信息,可见罗伯特·斯特恩(Robert Stern)的"耶鲁:1950~1965年。"反对者们#4(1974年8月)。

8 斯比利·莫霍·内奇(Sibyl Moholy-Nagy),保罗·鲁道夫的建筑。(纽约:布瑞格(Praeger)出版公司。1970年):15 页。

9 欲知更多关于美国建筑界对都市化日益增加的兴趣的信息,可见埃里克·芒福德(Eric Mumford). CIAM 关于城市主义的讨论:1928~1960年。(剑桥, MA: 麻省理工学院出版社, 2000年)。

10 见鲁道夫美国的声音,建筑系列9(1960年)。

11 威廉·瑞普,"保罗·鲁道夫在佛罗里达州的岁月"(未公开发表的论文,1978年春季):6-7 页。

12 "情景化"这一词语并不是指国际情景化,只是一种联系周边环境的设计理念,这种理念强调在建造建筑时要根据实际需要改善和联系周边的环境和区域。这里指的"情景化"和朱汉尼·潘拉斯玛(Juhani Pallasmaa)所说的"传统和现代性"相似,建筑评论,(1988年5月):27-34页。

13 J·金,与珍·利迪的会谈,2000年6月6日。

14 玛丽·罗克韦尔·胡克(Mary Rockwell Hook),这个和那个,私人印刷发表的论文集(1970年5月):27-34 页。

15 柯布,走向新建筑(伦敦:约翰·若柯出版社,1931年):242-243 页。

16 见柯布1935年的拱顶周末住宅。

17 使用试错的办法可以找到三合板拱顶能够承担的最大压力,这样可以使之更为完美。赛伯特·E·J·蒂姆(E.J."Tim" Seibert),由J·金和C·多明进行的采访,1998年11月28日。

18 柯布,走向新建筑(伦敦:约翰·若柯出版社,1931年):71 页。

19 引自迪莫塞·茹翰(Timothy Rohan),"分散地区的都市化"(在建筑历史学家年度研讨会中提交的论文,未公开发表,2000年6月):4-5 页。

20 芒福德,204 页

21 都市主义的解说,未标明日期,未标明页数,州立图书馆中鲁道夫档案中手写的一页纸。

22 关于现代主义艺术展览中人类学展览方面的更多信息可以详见玛丽·安·斯坦尼茨万斯柯(Mary Ann Staniszewski)撰写的展览的力量:现代主义博物馆展览布置的一段故事。(剑桥,麻省理工学院出版社,1998年)。

23 与沃克住宅相联系,在提到建筑结构体系并进行设计时,鲁道夫经常使用"拉紧的皮肤"这一词组。这一词组用来描述下述结构:可操作的板块,这些板块超出标准高度7英寸,使用扇扇相连的梅森奈特纤维板门,从而将每一个副翼系统形成一个整体。建筑外观使用类似于蚕茧的原材料作为保护。这种防水屋顶技术的另一个例子就是希利住宅。

24 空间、时间和建筑是他在哈佛时期的标准指导书,并且为他在现代主义建筑和不确定的空间之间提供了一个清晰的联系。

25 原作中的重点。

26 C·多明,与雪莉·希斯的会谈,2000年6月18日。

27 菲利普·汉森·希斯。巴厘岛。(纽约:杜尔,斯隆,皮尔斯。1941年)

28 "佛罗里达住宅设计的发展趋势"佛罗里达建造者:佛罗里达建筑杂志(1954年8月):未表明页数。

29 "佛罗里达住宅设计的发展趋势"佛罗里达建造者:佛罗里达建筑杂志(1954年8月):未表明页数。

30 见保罗·鲁道夫的"建筑中的地区主义",可以更多地了解这一项目在当地得到的指导。

31 "佛罗里达住宅设计的发展趋势"佛罗里达建造者:佛罗里达建筑杂志(1954年8月):未表明页数。

32 希斯,101

33 "地方主义和南方。"摘录于1953年海湾州地方议会。A.I.A 周刊(1955年4月):179 页。

34 "海湾州议会对地方主义的关注。"建筑实录(1953年11月)。

35 见约瑟夫·金就格罗皮乌斯和鲁道夫在阿拉巴马理工学院所受教育的影响方面做撰写的评论。

36 在西北地区议会之前的讲话,美国建筑家协会,尤金(Eugene),俄勒冈州。

37 哈曼勒·汉密尔顿·哈斯,"地方主义和国家主义"南卡罗莱纳大学设计学院学生出版(1964-1965年),27 页。着重于原作。

38 沃尔特·格罗皮乌斯,"上海中国艺术博物馆",L'Architecture d'aujourd'hui 28 期(1950年2月):77 页。格罗皮乌斯这一段话主要是关于以贝聿铭在哈佛完成了的项目的素描图。

39 Plym 建筑出版界杰出教授称号,位于伊利诺伊州乌尔班纳——香巴尼的建筑学院,1983年。

40 更长时间关于这个话题的讨论见沃尔特·麦柯奎德(Walter Mcquade)"探索中的景观",观察七:耶鲁建筑期刊(1961年):83-90 页。

41 "第一个设计奖:住宅、Siesta Key 和佛罗里达州。"前进中的建筑(1955年1月):65-67 页。

42 在"正在发生改变的建筑哲学"中,也是从1954年开始,鲁道夫继续表达了他对城市规模的都市化和单个家庭住宅的兴趣。密歇根州市中心的大瀑布城被认为是"在这个国家或许没有别的住宅可以超越它了"。这座建筑的重要性可以从以下方面看出来:一个具有基础性设施的入口直通向城市内部,该设施系统模仿大都会的复杂性,一系列的立面与其内部结构相联系。都市化可以被看作是一个模式,可以使用这个模式建立界限清晰的外部空间,也可以使用这个模式设计住宅和与内部空间的复杂联系。

43 这一技术上的特征当然并不是鲁道夫设计方法论发生改变的惟一决定性的因素,但是空调设备的确对鲁道夫作品的概念产生了相当大的影响。

44 住宅市场对空调设备需求的持续性增长,可以见"去年夏天空调身上发生了什么事情",住宅和家庭,第二卷,第4期(1952年8月):134-137页,还可以见雷蒙德·阿森诺特,"长时间酷暑的结束:空调设备和南方文化",南部历史期刊,50;4期(1984年11月)。

45 住宅和家庭,第八卷,第3期(1955年12月)136-139页。

46 88英尺宽的地带与后墙相连,为了保持私密性没有安装窗户,仅仅有一个开向凉廊的云格开口。

[47] 亚瑟·米兰姆（Arthur Milam），由 C·多明和 J·金采访，2000 年 8 月。亚瑟·米兰姆同样也很熟悉在墨尔本的科尔住宅，这是因为该住宅的委托人是他在耶鲁大学学习时一个朋友的父母。

[48] 米兰姆住宅是在鲁道夫纽黑文康涅狄格工作室之外设计的，设计人是罗伯特·欧内斯特（Robert Ernest），他是鲁道夫在耶鲁大学时的学生，作为当地的代表。

[49] 从柯布的萨伏伊（Savoye）别墅中学到的经验在鲁道夫职业生涯中保持着重要的基石作用，尤其是方盒子一样的外部立面之后隐藏着无穷尽的空间可能性。

[50] 贝聿铭被选定承担主体规划任务的事实和新学院最初的设计方案都表明鲁道夫在萨拉索塔建筑舞台上影响力的终结。

[51] 希斯于 1952 年被选入学校董事会，同年鲁道夫独立开业，希斯于 1956 年成为董事会主席。

[52] 保罗·鲁道夫"正在发生改变的建筑哲学"（打字稿，日期为 1954 年 6 月 16 日，州立图书馆鲁道夫档案馆收藏）：2 页。这次演讲的手稿发表在建筑纪实上（1954 年 8 月）。

[53] 鲁道夫独立开业以来建造的住宅在 2001 年的情形如下：无论是保持原状，还是发生了细微的变化，或者经历过重建，但设计本质上毫无改变的建筑有：胡克住宅、三趾鸥海滩俱乐部、沃克客居住宅、伞屋、科恩住宅、泰勒住宅、比格斯住宅、弗莱彻住宅、伯克哈德特住宅、李哥特住宅、迪灵住宅、萨拉索塔高等学校、米兰姆住宅和戴斯勒住宅。经历了重大修改的有：戴维森住宅、威尔逊住宅、塔斯汀·弗雷茨住宅、斯汀纳特住宅、哈坎为住宅、瑞翁高等学校和湖区游艇和乡村俱乐部。还有一些在佛罗里达州的建筑项目，或者是没有进行下去，或者是因为没有足够的资料所以没有包含在本书中，这样的住宅有：普朗塔斯（Protas）商铺/办公楼（1953 年）、坎德瑞克（Kendrick）住宅（1953 年）、三瑞都（Cerrito）住宅扩建部分（1953 年）、山姆·罗森（Sam Rosen）住宅（1953 年）、诺克斯·寇伍（Knox Cove）标准住宅（1954 年）、米勒购物中心（1954 年）、斯特里克兰（Strickland）住宅（1954 年）、阿特·克莱克（Art Clart）商业大厦（1955 年）、威尔士湖曼伽德（Maggard）住宅（1956 年）、斯坦德曼（Steadman）住宅（1956 年）、马洛里（Mallory）住宅（1957 年）和位于盖恩斯维尔的 Pi Kappa Phi 联谊会（1960 年）。

独立的建筑实践：住宅

胡克住宅

Siesta Key, 1952~1953 年

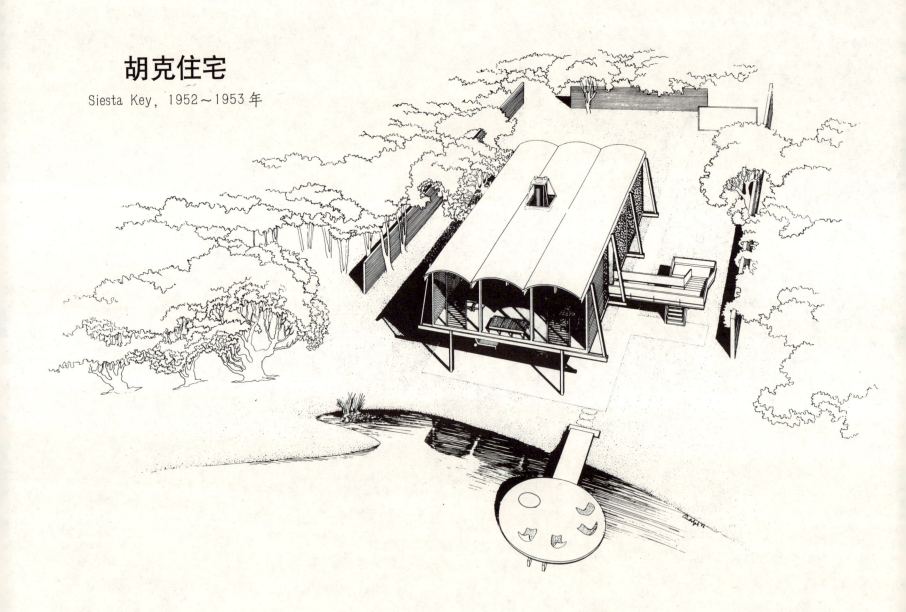

胡克住宅是第一个在住宅建造过程中使用胶合板为原材料的项目。这一次尝试是多维度的，它继续了鲁道夫对建立在标准原材料尺度基础上的理性拱顶模型结构技术的使用，而且还扩展了他在哈佛受到的功能主义建筑思想的教育。鲁道夫使用拱顶的各种组成部分和拱顶的结构特征扩展了从格罗皮乌斯和布劳尔那里继承下来的词汇。鲁道夫通过一个起反撑作用的柱梁结构把主要的生活空间抬离地面，这个结构同时还承受着来自胶合板三联拱的向外的推力。经过改造的横梁结构框架里安装着由木版滑条、固定的玻璃或可以活动的百叶窗组成的镶格，与房间内部布置的改变相对应。

在紧贴街道的墙上开启的小口，形成了入口通道，这条通道沿着其地的东侧边缘形成了一个规整的序列，并且以悬挑于湖面上的圆形平台作为终结。通往水面的道路在半腰上被一个处于高处的平台入口截断了，这条路一直通往住宅的前门。在楼梯的顶端设计了一个外部的房间，提供了一个向海滩的过渡，并且为整个建筑严格按照标准进行设计的结构提供了一种不对称的补充。

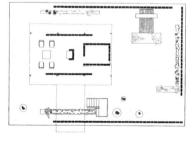

152 胡克住宅

海伍德公寓

Siesta Key，1952～1953 年

　　海伍德公寓是四个相互缠绕的拥有一个或两个卧室的公寓式住宅楼，在其中心地带有一个共享的庭院。美国南部建筑中传统的过道形式在这里被发展成了城市建筑中的模型，在这之后在鲁道夫为迈阿密大学设计的 SAE 联谊俱乐部中得到了更进一步的发展。

　　正如从透视图中看到的那样，一个外部的阳伞结构将庭院内部的三维空间进行了限定，并且更将整个结构整合到了一个既界限分明又相互联系的空间中。能够发生移动的板状组合看上去仿佛在一点点向后倒退，这一点开车路过的司机体会更深一些。该住宅中使用的全封闭阳伞结构，很自然地为鲁道夫日后在利多海滨浴场的伞屋建造铺平了道路。

WALKER GUEST HOUSE

SANIBEL ISLAND
1952–1953

沃尔克住宅

塞尼贝尔岛，1952~1953 年

在这个项目中,鲁道夫使用了简朴的木材原料,从而对美国人的特征进行了很好的表达。沃尔克住宅在使用了典型的木材为原材料的同时,还将本地可以活动镶格的技术与之结合在了一起,它成为了利用现成技术的实验作品。在与本地可以活动镶格技术结合的过程中,鲁道夫十分强调结构的纯净性,从而达到为整个项目提供不断发展的空间维度的目的(在一个相对简单的像笼子一样的框架结构中进行了复杂的空间试验)。在同一高度每三个镶格中就有两个接合在一起,并且通过海军中使用的工具、绳索和平衡锤来进行操作。外部的框架既装有落地的玻璃,又装有能够防止昆虫进入的小窗口。

内部空间严格的四方形结构与外部空间处于同样高度的三层式结构形成了对比。内部空间中的每个象限都严格规定了做何种功能使用:分为起居室、就餐室、服务间和卧室,又是一个使用了鲁道夫式的如同轮船内部结构的建筑手法。但是,起居室和房屋内部的空间并不相连;副翼系统和框架结构都充当传统意义上的环绕门廊。住宅周边占地的一部分也被归入了住宅的区域,起到的效果不仅仅是加大了住宅内部的空间尺寸。

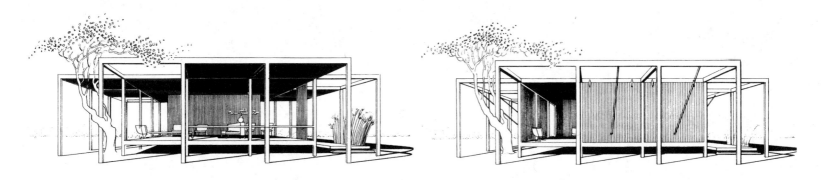

DAVIDSON RESIDENCE

BRADENTON
1953

戴维斯住宅

布拉登顿，1953年

最初鲁道夫在设计这座拥有两间卧室的住宅时利用了一系列的副翼系统来调节温度的变化，并在住宅的内部空间和住宅外面封闭的生活空间之间提供一种持续的空间流动。四个简单的矩形门廊的设计意图是想在这座住宅和该地区历史建筑之间重新建立联系。鲁道夫将该建筑的全部形式与南部传统希腊复兴主义的住宅都联系在了一起。

在最终设计方案中，水平环绕的副翼系统被一系列与顶棚同高的门代替了，这些门开口朝向四个严格限定功能的门廊，在其上有一个半透明的乙烯基盖板作为保护结构。住宅的主要生活区域围绕在四个角都装有天窗的矮拱顶周围，使房屋的空间由于阳光的进入而生动起来。屋顶的材料是玻璃纤维，仿佛是一个在天空之下为整个住宅添加的外壳。该屋顶是大卫·戴维森（David Davidson）自己设计的，他既是这座住宅的所有者，又是建造者，同时也是当地的一名船商。在这座住宅的建造过程中，鲁道夫对拱顶的正式特征和拱顶对其下空间在心理方面的影响越来越感兴趣了，而对结构方法似乎不很关注了。

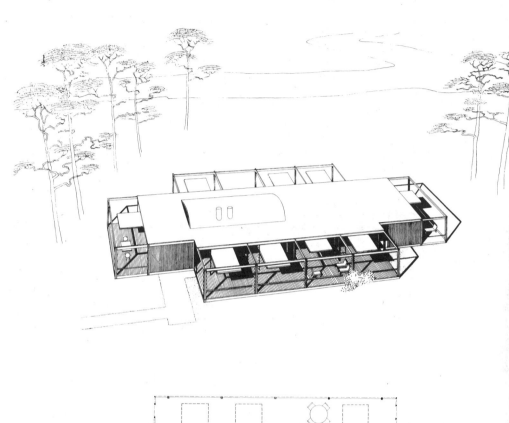

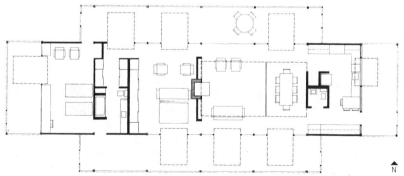

伞 屋
利多海滨浴场，1953～1954年

伞屋建于1953年，是为菲利普·希斯（Philip Hiss）商用专门设计的。之所以称之为伞屋，是因为整个住宅的主体部分被一个顶棚封闭着，在西边的正门和在东边的游泳池边都被包围在其中。纤细的框架结构和"遮阳屋顶"上带有轻微斑点的格子位于每两个木柱的外面，一共有六个这样的木柱并排挨在一起，中间有空间将之分隔开，并且都用标准的部件将之拧紧固定。这一部分与房屋的主体部分联系很少，其外部用呈斜线的构件将他们拉紧。用造价并不高的番茄枝组成的架子造型简单优雅，平铺在房屋各个支撑部件之间，在顶棚上形成错综复杂的结构。

两层楼的结构设计提供了更广阔的视野，并且还可以更方便地让海风进入室内，但是室内17英尺高的空间使得鲁道夫能够在利汶固德住宅之后第一次获得加强内部空间质量的机会。再往上两节台阶就可以到达主要入口和房间的主层了：楼梯下的一个小凹室可供阅读和闲谈，它邻近壁炉。楼梯顶端的通道在主体空间中的功能并不确定。从房间的西面望去，正如在这张结构素描图中显示的那样可以让视线有一个很大的空间。再向上走两级台阶可以到达各间卧室，朝南卧室中一系列的滑动板和设计好的抽屉可以将其与下方的生活空间联系起来（这间屋由柱状的隔扇牵引着）。通过使用持续的内部和外部联系点使在空间中形成循环运动，与沉静的外部构造相反，这样就定义了这座住宅复杂的空间特征。

159

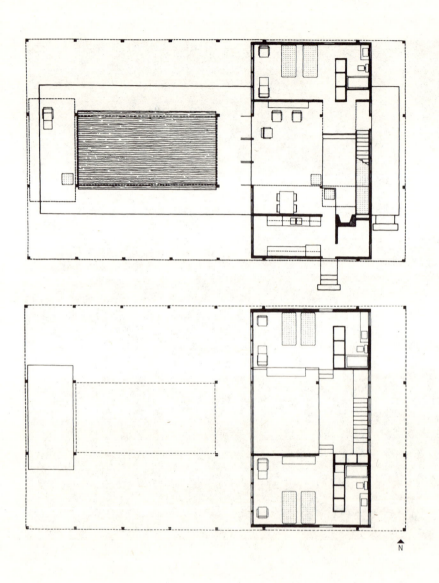

160 傘屋

斯特劳德与博伊德的扩展部分

萨拉索塔，1953 年

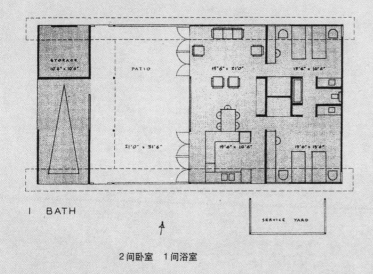

I BATH

2 间卧室　1 间浴室

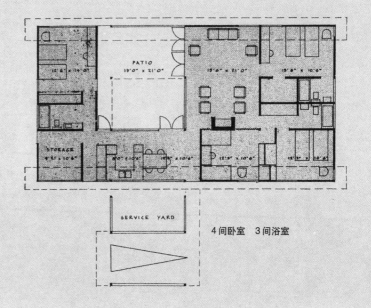

4 间卧室　3 间浴室

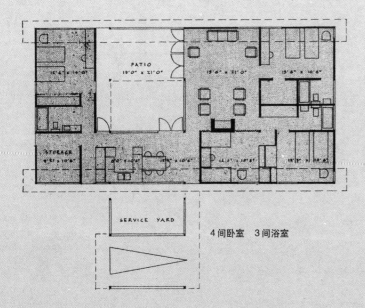

4 间卧室　3 间浴室

这一组包括有14座经济型的住宅是为詹姆斯·斯特劳德（James Stroud）和杰西·博伊德（Jessie Boyd）在兰蒙里斯克住宅规划发展计划的基础上进行的变更和改进。一系列天井式的房屋都是按照相似的模型结构系统制造的，是专门为中产阶级房地产市场提供的产品。鲁道夫努力建造不同的房间类型，这些房间将不仅仅使用粗糙的象征意义的建筑手法比如说使用不同的盖板或多变的屋顶倾斜度等手段来区分，而更是使用细微的空间布置手法来区分各个房间。

伯纳住宅

圣彼得堡，1953 年

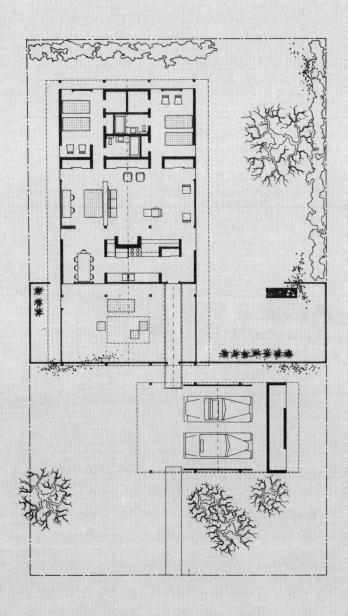

　　这间住宅的委托人是伯纳（Bourne）公司，建造的目的是为了在圣彼得堡房地产市场中进行投资活动。伯纳住宅位于萨拉索塔的北部，沿着近岸内航道。从未付诸于建造实施的这座住宅的屋顶是倾斜的，使用了典型乡村木材的木条结构。从街道上可以观察到它具有的首要优势是使用了一系列封闭式的顶棚结构，这样既可以保护车库，也可以保护位于其下的外部生活空间。与佛罗里达州典型涂抹灰泥的单调住宅相反，该住宅的模型采用了朝向街道的倾斜结构，这种结构将一块空间环绕了起来，这块空间的大小与住宅封闭起来的空间大小一样，位于整块地的后部。在相同概念的指导下，同年设计的伯吉斯住宅却采用了一种更为复杂和正式的纪念碑式的表达手法。

戴维斯住宅

萨拉索塔，1953～1954 年

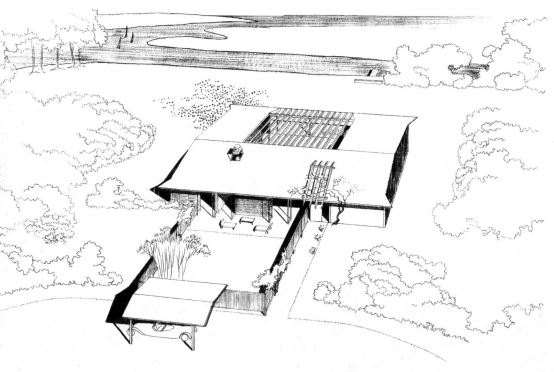

鲁道夫向这座拥有两间卧室住宅的委托人提供了两套设计方案。带有倾斜屋顶的方案被选中并在珊瑚峡谷的分支部分建造了起来。这片区域位于萨拉索塔海湾的岸边，人们认为它远离小镇，所以相对比城市里的地块价格要相对便宜。典型的木质突出框架和外面涂有的石灰将一个很不寻常的屋顶系统隐藏了起来，这个屋顶结构是由威廉·瑞普（William Rupp）做的细部装饰。它使用了双层的钢质直角结构和朴素的木质材料，这两部分分别垂直放置，使得整个屋顶高达3.5英尺。这座住宅共花费了16000美元，在这片区域中相对其他的住宅结构，在工程造价方面是很具有竞争力的。鲁道夫懂得在建造传统建筑结构时需要奉行节俭的原则，为了达到这个目标，他在原材料的选择和组合使用上进行创新，使用能够降低成本的原材料，从而达到预算的需求。

威尔逊住宅

萨拉索塔,1953~1954 年

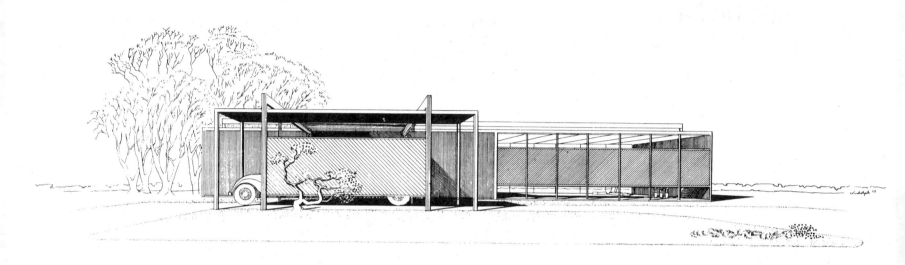

这个建筑项目是在珊瑚峡谷建造的，是对使用传统建筑技术作出的另一种选择方式的探讨。威尔逊住宅全部用预制蜂窝纸板构成，这种原材料最初是由航空业发展而来的，在那里采用预制蜂窝纸板作为重量轻的隔水材料。墙面和屋顶的板材和直接安装的房门结构相似，都是被运到所在地之后由哈罗德·皮克特（Harold Pickett）及其工作队将之安装起来，他是当地的一名发明家。一个四英尺的模型与板材的宽度相呼应，使用这样的设计手法，鲁道夫将内部的布局进一步的发展到了三维维度。3个12英尺的区域成线性排列，分别用作起居室、公用空间和卧室。在附近的阳台上装有顶棚，由于罗斯·威尔逊（Rose Wilson）十分喜欢丝绸，所以他在顶棚上裱糊了一层丝绸充当"天空的窗帘"，还以有颜色的玻璃进行装饰，这样设计可以使得进入阳台的光线变得柔和，在室外生活空间中营造明亮的光线效果。

伯吉斯住宅

伯吉斯岛，1953～1954 年

伯吉斯住宅位于萨拉索塔南部的一个小岛上，这个小岛的主人是一个富有的电池巨头。伯吉斯住宅的设计仿佛是在顶棚遮挡之下的浮动的亭阁。整个结构是由镶嵌在木框结构中的典型木板组成的，这些木板是用船运输到这个岛屿上的。一个低矮的基座形成了整个结构的基础，分散的入口小径指向一个中心庭院。这个设计方案是不同寻常的，这是因为该住宅是为偏远地区专门设计的，与经常存在的汽车毫无关系。

科恩住宅

Siesta Key,1953~1955 年

科恩住宅的设计开始于1953年,是专门为当地两名音乐赞助人设计的,其中一位是佛罗里达州西海岸交响乐团音乐会的拥有者,另一位是音乐会的钢琴家。这座住宅建造的目的是为了反映这两位音乐人的音乐生活方式,而鲁道夫是一位经过古典音乐训练的建筑师,所以能够对这个项目中特殊的需要作出正确的解释。研究这个项目是一个很有趣的案例学习机会,这是因为在该设计方案中鲁道夫使用了20世纪50年代各种建筑概念。在保留下来的素描图中,可以看到针对这个项目至少有三种不同的设计方案。

1953年的设计方案扩展了正方形沃尔克住宅模型的空间范围,并且增加了一个分离的车库和一个空中封闭式走道,在相关组成部分中营造了一种动态的效果。这种从未得到实现的设计方案从未公开发表过,很快由于委托人变更为急切的需要,该方案就被扔到一边了。最新的方案很符合潮流,并在1954年席卷了"最具进步建筑奖"的奖项。

在试图说服委托人接受两层楼住宅好处的努力遭到失败之后,最终的设计方案得到了双方的共识,这就是最初提到的那种方案,这种方案被公开发表次数也最多。房屋的主体部分朝向南北轴线,在东西方向有占空间很大的突出部分。阳台正对路易斯海湾,在远处就是蚕茧小屋,蚕茧小屋正位于科恩住宅西部的正面——海湾的河道能够反映出运河沿线的结构。可以活动的副翼结构在最终的设计方案中被取消了,但是外部的框架结构还被保留了下来,一方面可以形成在室外的生活空间,另一方面还可以起到顶棚的作用,遮风挡雨。整个住宅都采用空调设备,以适应当时中产阶级的偏好和适应当时的时代发展,借助于复杂的设备来调节当时陈旧的社会氛围。

初步方案,1953

科恩住宅，参赛设计图，1954年

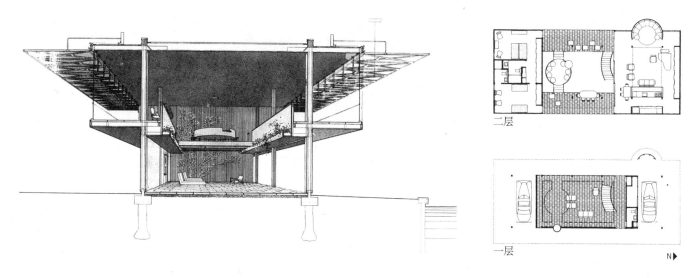

二层

一层

N ▶

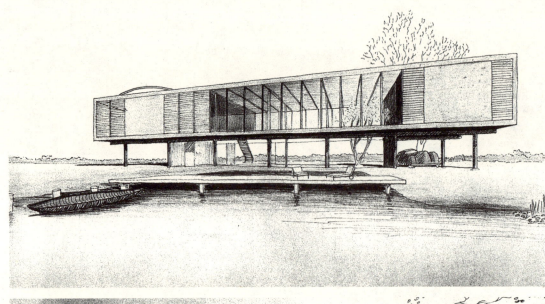

草图

实景,1955

176 科恩住宅

亚历克斯·米勒住宅

萨拉索塔，1954 年

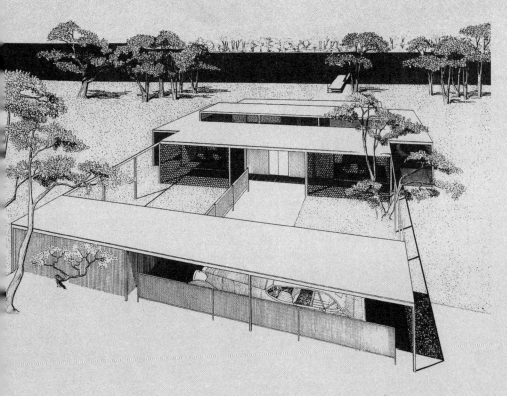

该项目位于一个边界不很分明的庭院周围，包括有车库、房屋的主体部分和连着两个主要的柱子很薄的木质框架。惟一结构中统一的部分向外一直延伸至船坞，透视图灭点沿着水平线。鲁道夫努力想要通过始于车库、穿过庭院和房屋，向外延伸到远处的水面的线路，将希腊复兴式房屋主体与周边的环境连接起来。

泰勒住宅

威尼斯，1955~1956 年

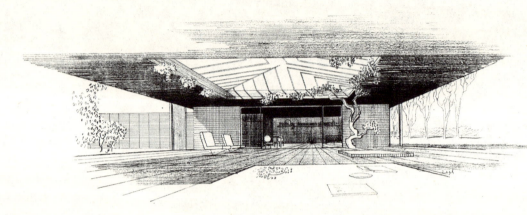

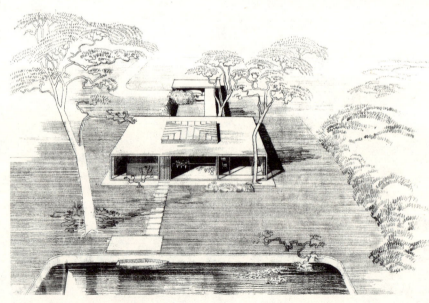

泰勒住宅是专门为一位70多岁退休的黄金商人设计的，该设计方案被认为是经过修正的炫耀式设计，这是因为使用了很多屏幕墙用于保护私密性。一个大型的位于中间位置的天井，其上有一个拱顶作为保护，拱顶安装有塑料玻璃窗。这就成为了泰勒住宅最显著的特点。中间集中式的空间尽可能少地使用屏幕使之封闭，这样可以保证位于室内的滑动门可以在任何时刻都保持开着的状态。邻近的卧室玻璃窗上覆盖着番茄枝蔓作为私密性的保护措施。无论是在空中透视素描图还是在内部透视素描图中，开放空间都得到了很高的重视。这个设计方案是由伯特·布朗史密斯在萨拉索塔工作室中为鲁道夫完成的。

大瀑布城家庭式中心住宅

密歇根州大瀑布城，1955年

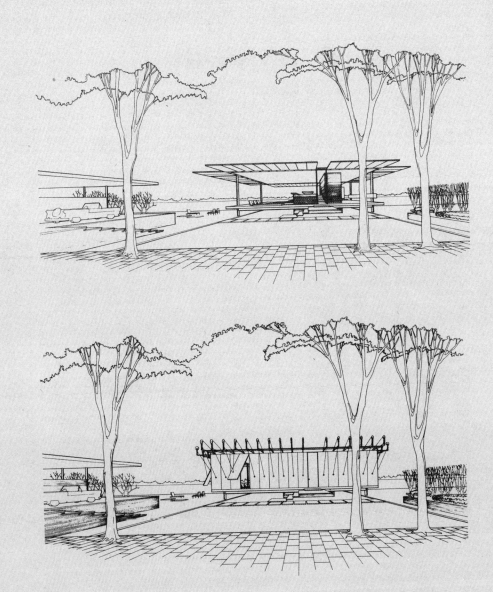

这个住宅项目的建造目的是为了给米歇根州大瀑布城的住宅建设提供一个代表东南部的建筑风格模板，它集中概念化了密斯式清晰的建筑风格，对市场驱动下标准中产阶级的生活方式关注很少。透视素描图显示这座住宅既可以作为华贵的开放式亭阁使用，又可以作为寒冬中抵御风寒的堡垒使用。在剑桥办公室中这种设计方案得到了进一步的发展，副翼系统中使用了半透明的纤维玻璃板作为外壳，这种外壳在晚上大概可以放热。大瀑布城家庭市中心住宅的其他设计方案参与者包括：哈威尔·汉密尔顿·哈里斯（Harwell Hamilton Harris）、乔治·尼尔森（George Nelson）和拉尔夫·瑞普森（Ralph Rapson）。

斯汀纳特住宅

萨拉索塔，1955～1956年

　　斯汀纳特住宅是一座标准的木材框架的房屋，利用一系列用钢钉结合器铆定在地基上的柱体将房屋抬离地面。这一简单的设计方案使用了一系列相同的可以活动的副翼系统，关闭的时候可以充当飓风来临时的遮掩，而当完全展开时可以充当顶棚遮蔽阳光。这座住宅可以从一个封闭的堡垒改装成完全裸向空气的亭阁，而几乎不用费很多精力。在建造过程中安装了空调设备，很显著地改变了最终的效果。很遗憾地是，可以活动的活动板使得大量的空气进入了室内，依靠人工调节室内温度几乎是不可能的。为了解决这个问题，活动板和轴的部件在改造外部结构前被固定的玻璃窗代替了。这个建筑项目给对待建筑和规划不断变化的态度带来了新的曙光，这是因为空调设备已经成为了中产阶级住宅中一个标准的配置。在鲁道夫参与合作以前的项目中，在适应周围环境和本地气候时很多设备都放弃不用。这种技术上的改变主要的效果在于它为鲁道夫建筑事业中的一部分划了终止线，但同时也开辟了鲁道夫建筑事业中另外一部分。

比格斯住宅

代尔瑞海滩，1955～1956年

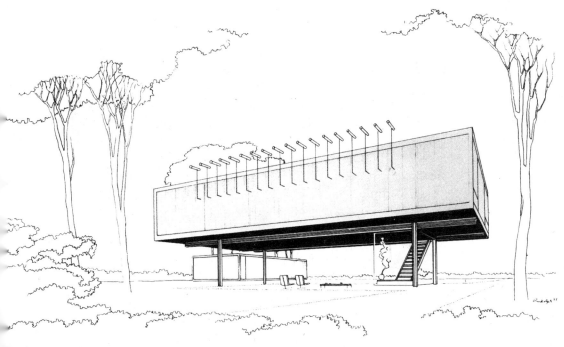

这座住宅拥有两间卧室，配备有与船上厨房很相似的厨房，该厨房在一个宽广的、开放的生活空间周围。可以活动的百叶窗沿着北和南的正面，从而可以躲避大西洋经常性的东南风。该住宅在街区中营造了一种纪念碑式建筑物的气氛，仅仅是通向该住宅一边的入口采用了不规则的布置方式，才稍稍缓和了这种肃穆的印象。

斯维尔·比格斯（Sewell Biggs）住宅被抬高于地面，从而在与地面齐平的地方腾出了车库空间和室外生活空间，这两部分由一个封闭的前庭分割开来。该住宅简洁的船型钢铁结构为街道提供了一个严肃的、对称的正面，与其所处的地理位置形成了带有攻击性的、无上下承接顺序的关系。在项目早期的设计图中，比格斯住宅与得到很多奖项的科恩住宅有很多相似之处，而且表现得十分明显。在早期的设计图纸中描述了一个简单直线形的盒子，并且安装有一系列可以活动的副翼系统。另外还有一套设计发展过程中的素描图纸，这些图纸中很多元素也都与在得过很多奖项的科恩住宅中表现出来的元素有很多相似之处。

182 比格斯住宅

弗莱彻住宅

威尼斯，1956 年

这座住宅位于威尼斯的住宅区，与鲁道夫在1948年与特威切尔合作建造的赛格瑞斯特住宅项目相隔并不很远。鲁道夫向弗莱彻提交的住宅设计图与传统南部建筑相比，包含一些直接整齐匀称和栩栩如生的效果，这在鲁道夫至今的作品中也是很异常的。低矮的斜屋顶，有遮蔽的屋檐和四叶饰的圆柱，这座建筑从外观上看更像是对本土化派生建筑形式的肯定。但是在仔细地考虑住宅内部各部分构造后，可以发现该设计实际上扮演了相反的角色。房屋内部的布置主要围绕着中心生活区域，主卧室仿佛是一个悬挂的杆一样悬挂在这片空间之上。天窗在第二层楼的周界部分，这样可以使光线从各个方向进入室内。这座住宅与在韦尔斯利学院的马丽·库珀·朱艾特艺术中心同时进入设计程序，很显然在脑海中有着相似的目标：在已有的基础上建造并且做到有所提升，与此同时仍要建造一座适合20世纪的建筑。

BURKHARDT RESIDENCE

CASEY KEY
1956–1957

伯克哈德特住宅

凯西凯：1956~1957 年

　伯克哈德特住宅所处的地理位置标志着鲁道夫在典型中产阶级郊区住宅的独立建筑实践中建造地点的一种变化，返回了凯西凯这个排外的社区。这个偏远的地区位于萨拉索塔的南部，为冬季的居住者们提供了一个避寒的地方。米勒住宅也同样位于凯西凯，这无疑为鲁道夫重新评估他与特威切尔合作发展的木条结构方法论提供了一个很好的机会。住宅的车库位置很低，并且处于水平状态，它暗指早期的住宅，并同时断然陈述了其结构的独立性，这种独立性表现在一系列向上的水平板和位于边角的屋檐。

　在这一动态结构的心脏地带是宽广的生活空间（将近22ft × 40ft × 12ft（6.71m × 12.19m × 3.66m）高），完全裸露在外界空气中。生活空间将公用区域和私人区域分隔开。在上方的天窗将空间遮护起来，相对位置稍低的休息室与房间封闭的公用区域很不相同，一大块玻璃将内部空间与外部空间有效地分隔开。通向私人卧室的入口在改进的佛兰德粘合剂铺制的木墙周围。一个最安静的花园延伸出房屋，一直向前延伸直至海湾，并向更远的地方扩展了视野。这座住宅的建造和细部规划者是杰克·特威切尔，他对日本传统建筑有着很敏锐的感觉。

迪灵住宅

凯西凯，1956~1958年

　位于凯西凯的迪灵住宅代表着鲁道夫建筑事业生涯的新方向。该住宅主要是由典型的石灰石和裸露的柏木作为镶面材料，整个建筑显得精致高雅却使用着粗糙的原材料，因此赋予了这座拥有两间卧室的海滨住宅结构上出类拔萃的力量。东西两面的立面利用由层叠的大理石组成的柱子达到了和谐的统一，每块大理石之间都用同样的灰泥进行连接，从远处来看整个建筑有种高耸严峻的感觉，而从较近的位置观察，还可以看建筑原材料上精细的镶嵌。谨慎的颜色使用一直延续到室内，从而弱化了与周围环境的差异。白色磨石地面，奶油色的砖块以及轻微上了一些油漆的柏木都在色彩上靠近周围的环境，在纹理上靠近海滩的纹理，尽量与其所处的地理位置有相似的亲密关系。

　空间的复杂性在方盒子（或者在这个项目中是矩形的盒子）通过外部裸露的柱子得到了强调。鲁道夫曾经谈及在一个空间中建造另一个空间的建筑理念，在这个项目中，他通过将抬高的两层半对外的廊用房屋主要内部空间包裹的方式达到了这个目的。坚实的结构与半透明的结构之间产生了互动，当太阳在柱子上方移动时，或明或暗的光线交错表现得十分明显。整座建筑的结构看起来十分的牢固，足以抵御季节性飓风的袭击。

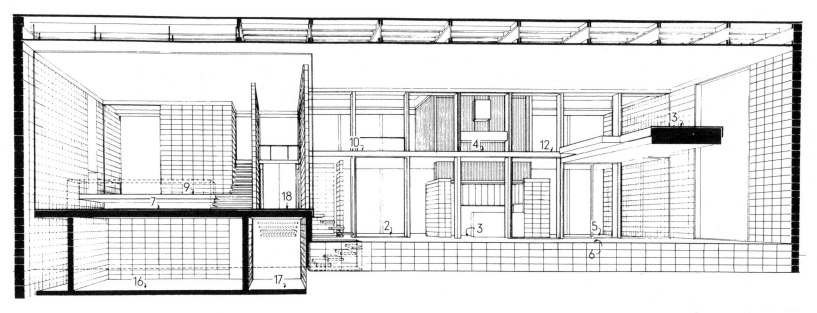

1 未标明
2 餐室
3 厨房
4 浴室
5 客厅
6 门廊
7 起居室
9 图书馆
10 卧室
11 书房
13 走廊
16 储藏室，稍远车库
17 公用室
18 楼梯

191

192 迪灵住宅

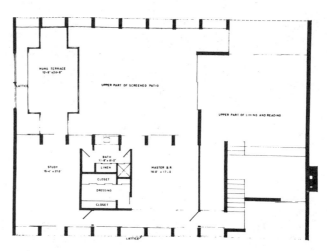
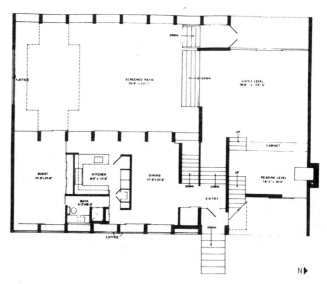

马丁·哈坎未住宅

利多海滩浴场，1957~1958年

在1957年的夏天，鲁道夫正忙于在美国南部进行一系列的演讲，这次活动的举办方是美国州政府。这一项目代表了鲁道夫在佛罗里达州作品的主流，也表明鲁道夫由一个锐进的革新者角色向大众声音的陈述者角色的转变。同年，在萨拉索塔规模很小的主街工作室搬迁到了沃伦大厦中，占据了其四分之一的办公空间。沃伦大厦正好在主街上。在萨拉索塔高等学校的建筑项目中，需要更多办公桌椅，也就需要有更大的空间容纳增加了的办公用具。在萨拉索塔这间工作室最享有盛名的声誉开始滑落了。使事情变得更复杂的是鲁道夫在近期又宣布与耶鲁大学签订了为期三年的聘任合同，作为系主任掌管耶鲁大学的建筑系。

在这一系列事件发生的过程中，一名本地的律师委托鲁道夫在利多海岸建造一座住宅。哈坎未拥有的这块地产的三面被邻人的地产包围着，因此在设计过程中要十分强调正面的特征。卧室一边朝向街道，其下是悬空的，以容纳车库和入口通道。朝向街道的一面被细分为实空平衡的部分，房屋的后部敞开着，生活空间被设计为两层阁楼式，与后面的花园区域相呼应。这座住宅的设计方案是对传统南部走廊文化在结构上的一个颠覆，在传统文化中沿着街道的前沿，走廊可以充当非正式聚会的场所。在该项目以及其他一些鲁道夫的作品中，将住宅主人的家庭生活私密化，将生活空间设计在房屋的后部，这是一种新的先例。在设计方案中，入口通道被很隐秘的安排在卧室下方，传递出住宅不愿意吸引公众目光的信息。一个很私人化的屏风是这座住宅最突出的外部特征。该住宅的设计灵感最初来自赖特的尤笋尼耶住宅中偏好在房屋后部安排花园的做法。

李哥特住宅

坦帕，1958年

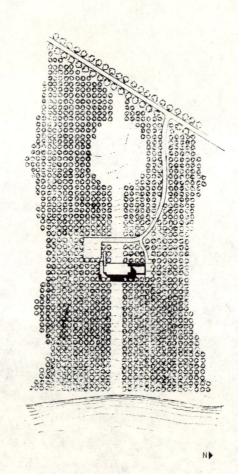

像在这个项目之前的沃尔克住宅和戴维斯住宅一样，李哥特住宅也直接表现出了在美国南部存在的传统希腊复兴建筑的特征。希腊复兴建筑对鲁道夫在整个建筑事业生涯中的影响是很重要的，他在设计住宅时，会因表现这种流派本质特征的程度而有所变化。李哥特住宅位于坦帕外围的橘子树丛中间，在树丛一条小径的末端，这样一系列整体表现的支撑墩和两层高的边房就十分引人注意了。由于李哥特住宅位于萨拉索塔，其设计方案着重于房屋后部的私人空间，通过抽象地使用窗户的设计和布置手法，使得公众空间相对较为宽广。房屋的后部一直延伸到湖边海滩一万英尺长的小径轴线上，那里矗立着一个宽大典雅的门廊。

与迪灵住宅中体现的抽象经典建筑词汇不同的是，这座住宅的表面还保留着传统风格的痕迹，可以毫不怀疑其与历史建筑的渊源。浅黄色的石砖，有统一檐口的三维正面，位于房屋后部方形基座上加长的门廊，都将该设计方案与传统南部建筑的特征紧密地结合在一起了。

只是在入口处设计中各部分的复杂性才变得很明显。主要的内部空间围绕着封闭的两层高的中心庭院，这个庭院将其构造都敞向通往湖边的通道。庭院周围的空间都装有空调设备，顶棚上有一个整体系统向外扩散，地板和边墙上有排风口。该住宅是关闭萨拉索塔工作室前由伯特·布朗史密斯设计完成的最后一个项目。

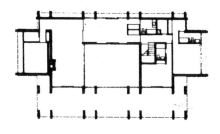
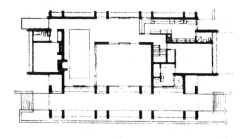

米兰姆住宅

彭特·维德拉,1959~1961年

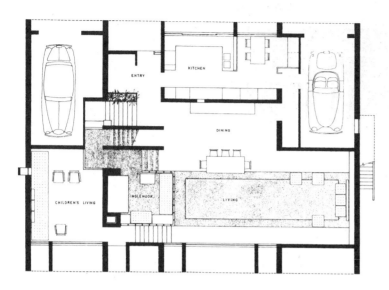

米兰姆住宅标志着一种修正的设计方法论,是第一件没有使用粗糙的模型组织系统概念化的设计作品。仅有的常用因素是标准的石块尺寸（8×8×16）。鲁道夫越来越开始关注"更新的对视觉快乐的重视,这的确是建筑师的首要任务,因为其他专家可以做除了这个以外的其他事,他们做得更多也做得更好"了。对建筑在周围环境中视觉效果的渴望在鲁道夫对建筑外部立面的处理表现得十分明显,这似乎是欧洲严肃的建筑风格的反映,这种风格在鲁道夫的哈佛岁月中对他影响很深。但是,这种关注并不应该被看作是鲁道夫对建筑原则反复无常的抛弃,尽管在迪灵住宅中他没有采用严格的"9+3"开间结构,但是在立面中严格按照数学原则进行组织的效果很明显。东边夸张的雕刻式突出物和西边相对造价低些的配对物清晰地界定了各部分的设计方案,由此也表现出了整个设计方案的特征。

利用与迪灵住宅中相同的建筑材料和相同颜色的板材,鲁道夫将先前经典的木墩系统重新组织成为在今天很有名的三维浮雕式结构,这种设计手法被运用在房屋东面结构上。这座住宅还可以看作是开始于伞屋和迪灵住宅中对方盒子复杂空间解决方式的探索所作的进一步的实验。多层次的平台结构环绕在一个对称放置的壁炉边上,在正面图中每一个高度的改变都可以适应周围环境的特点。鲁道夫希望能够根据每个居住者不同的需要建造出不同的空间环境:阅读空间的顶棚很矮,墙边堆满了书;主要生活空间有着高高的顶棚和隐藏着的休息室,在起居室和以上的空间之间是巢穴状的炉边装置。与鲁道夫佛罗里达州早期的设计作品不同的是,米兰姆住宅是全空调的,与外界的联系是完全可见的。

202 米兰姆住宅

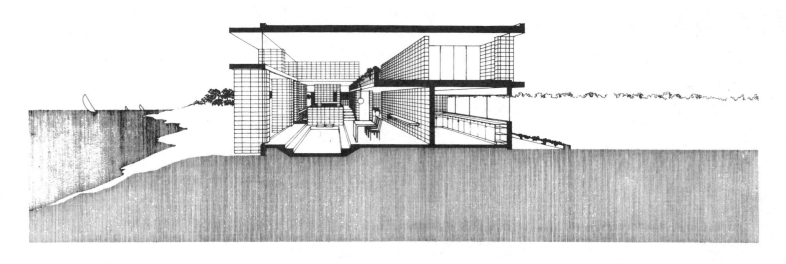
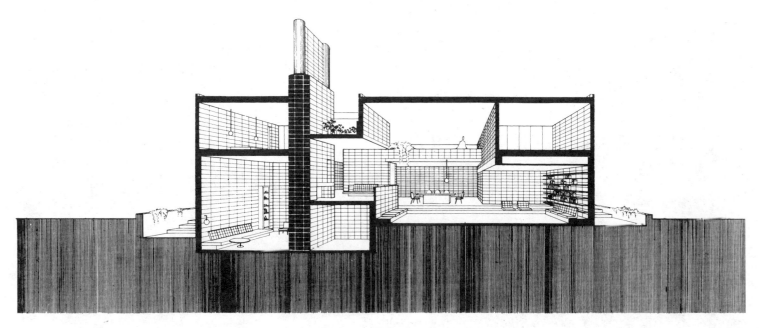

205

戴斯勒住宅

海脊，1960 年

该建筑项目位于运河末端，距离棕榈滩很近的一片小型居民区中。Ocean Ridge 社区中的住宅都要遵守同样的建筑规则：所有的结构都要有倾斜的屋顶。正如李哥特住宅中表现的一样，相对房屋后部其正面强调得很不够，而正面是要完全暴露在公众视线下的，正好处于运河所在地的一边。一系列相互联结的小屋顶结构运用抽象的形式解决了。所有的主墙都沿着轴线建造。不规则三角形小屋顶簇在鲁道夫以前的作品中并没有先例，这表明已经开始脱离鲁道夫早期作品中熟悉地使用规则结构系统清晰的矩型结构了。

博斯科维克住宅

棕榈滩,1962 年

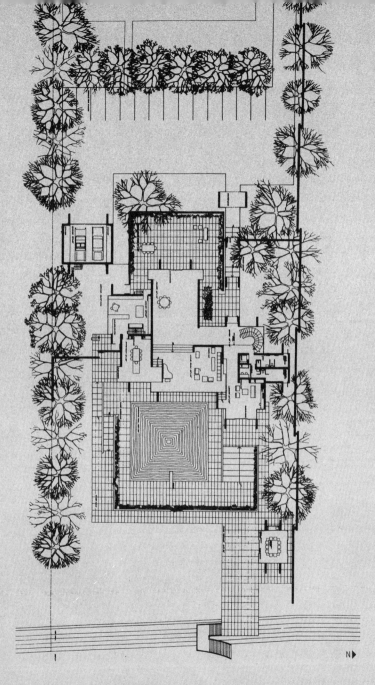

在这个设计草图中，鲁道夫以前的学生德·斯卡特(Der Scutt)使用了一系列重叠的盒子形状的柱体为整座建筑清晰地定义了其主要特征。主要的内部空间成斜线向外扩展，穿过所在的地域，在透视远景图中一直延伸到大西洋。使用伊甸园镜透视图的技术手法可以卓有成效地表现出建筑物强大的推动力和可信赖的感觉。沿着方形基座边缘的三角分度点这一有利的观测位置，观察者很难分辨内部空间和外部空间的不同，正如在李哥特住宅、迪灵住宅和米兰姆住宅中表现出的那样，由于使用了不同于传统窗户的设计布置手法，室内空间的规模已经变得很模糊了。自素描图中，这座住宅的真实规模只有在与周围环境中的物体联系在一起看时才能被评估出来。东西两边的突出建筑都用封闭的天井作为边框，这样在住宅的两边就都有外部的房间了。在这个设计方案中，没有被建筑师疏忽了的小细节，西边的通道和网球场，东边海滩边的防波堤，所有的环节都被包罗万象地包括在鲁道夫的设计日程上了。

佛罗里达的公共建筑

SAE 联谊俱乐部，1952年

公共建筑：佛罗里达州

克里斯托弗·多明与约瑟夫·金

在20世纪50年代鲁道夫在萨拉索塔的工作室中开始形成了对公共建筑的看法，这就顺乎逻辑地将统治他早期建筑实践的住宅设计工作脱离开了。对公共建筑领域的涉足使得在住宅设计中对空间、结构、都市主义甚至心理学等诸多方面的探讨在更大规模上得到了补充提高。鲁道夫在哈佛与格罗皮乌斯，以及之后的斯特的接触使得他开始了一种新的思考模式，这对他形成美国公共建筑的概念有意义深远的影响。从这些渊源出发，鲁道夫开始对低密度的蔓延式规划、对建筑师致力于公共领域应当承担的职责、甚至对欧洲战后大规模的重建等都产生了兴趣。鲁道夫对公共建筑的注意在对受到赖特和密斯作品的激励下发展起老的公众文化产生兴趣之后进一步的扩展了。他们的作品包含了普通美国人平常家庭生活中的每一个部分，例如加油站、保龄球球道、路边风景设置等，这都为年轻一代建筑师们铺平了道路。

起初，接触公共建造项目只是偶然的，但是很快公共建筑项目就成为了业务中的主流部分，从整体来看，公共建筑项目为鲁道夫多变的兴趣爱好提供了一幅全景。他对生活中熟悉的建筑类型进行了更多的发展，如机场、教堂、学校、写字楼和一些供人们消遣娱乐的场所。正是最后一种建筑类型使得鲁道夫工作的主体与其他区域区分开来，为洞察鲁道夫独特的设计哲学提供了机会。这些建筑项目中的许多不仅仅是为聚集在此的公众提供一个互动和聚集的场所，更多的是建筑作为一个独特的个体，提醒聚集在此的公众注意到该场所的功能。

在设计住宅时，鲁道夫很幸运地可以沉醉探索的理念。但是，随着时间的流逝，鲁道夫开始意识到他在住宅空间中的感受是十分有限的，因此经常将这些感受体现到更能适应大型公共项目的小模型中。例如希利住宅中钢质的拉力屋顶就是一个本来应该十分适合边长几百英尺运动场的技术想法，在这里用于边长仅22英尺的住宅似乎并不合适。都市化模型的比格斯住宅为鲁道夫建造于20世纪60年代的大结构项目走出了最初的一步，而迪灵住宅激发了深奥的纪念碑式和严肃的寺庙形式的建筑理念。

与住宅建造相反的是，鲁道夫在公共建筑上进行实验遇到了一些困难，这是因为委托人和社区总是有各自不同的期望，而鲁道夫就经常性地进行调整和变形。在圣卜尼法斯教堂中颠覆的T型纪念碑式的建筑，在萨拉索塔高等学校项目中抬高了的基座上的主体结构和坚持不懈有节奏感的外部结构，这些都没有给在街道上的参观者或在里面工作的人以舒服的感觉。当然，鲁道夫最初的兴趣是更大型的建筑课程，当他走出工作室进入课堂，他所讲授的内容将会被公开发表，并在关于美国现代主义设计的大背景下进行讨论。从这个角度考虑，这些公共建筑项目无论是否被修建，都会吸引越来越多的业余爱好者，鲁道夫也会赢得越来越多层次的关注。

斯坦梅茨工作室

与拉尔夫共同合作的项目
萨拉索塔，1947~1948年

为斯坦梅茨·约瑟夫（Steinmetz Joseph）设计的这间工作室，位于萨拉索塔商业区的居民区街道边。该住宅是特威切尔和鲁道夫建造和设计方法论在传统市郊环境下得以运用的一个例子。低矮而且结构紧凑，斯坦梅茨工作室带有革新的色彩但并没有完全将革新进行到底，缺少海滨住宅奢华宽阔的特征。空间的焦点偏向内敛，自然光线被严格地控制，既可以有利于摄影工作室的工作，也可以有利于暗房的工作。边墙向前方沿线伸展，将典型用草覆盖的乡村前院隔断了，并在住宅的前方形成了一个半圆形的保护圈。悬在空中的柏木横梁和木质连接的屋顶结构对边道形成了保护，同时也是对公众领域表明的一种姿态，在水平线上扩展了住宅的空间。

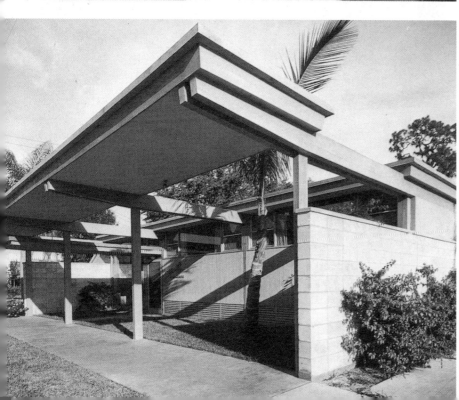

娱乐中心

与拉尔夫共同合作的项目
圣彼得堡，1947～1948年

在娱乐中心的设计中，削弱的梁和柱结构支撑格外纤细、向上翻转的入口天篷。一个十分夸张类似露天看台顶的钢质悬空屋顶强调了它在所有结构组成部分中视觉上的优势地位。尽管这个设计方案看起来有些虚幻的因素，但是的确是计划要将之建造起来。特威切尔和鲁道夫负责绘制施工图。鲁道夫很及时地通过更加严格的规范使之视觉能力得到了提高，与此同时，他关于结构能力的知识也得到了提高，关于建筑空间的组成部分也有了自己精练高雅的认识。

亭 阁

与拉尔夫共同合作的项目

1950 年

　　这个亭阁的具体功能并不清楚，相比鲁道夫以前的作品在两个方面有了发展：纯粹几何形状平坦盒子的建筑形式和悬空的保护性屋顶，其中屋顶的形状来自结构的视觉效果——在这里使用钢绳作为拉力。两个相连的盒子，其中之一是完全透明的，另一个是半透明的，是对菲利普·约翰逊玻璃住宅和在这之前砖石住宅的解读。上方伸展的屋顶，将在其下的结构阻挡在佛罗里达酷热的阳光之外，是对鲁道夫在SAE联谊俱乐部和伞屋中格式屋顶的回忆。佛罗里达州的天空总是很充满激情的，无论是酷暑明亮的蓝色还是预示着暴风雨即将来临的乌云密布。鲁道夫对屋顶的设计灵感来自于清晰地认识到了这一地区的特征，并将之表达在屋顶的设计方案中，通过形状和侧面影像为这一特殊的地区增加了生机勃勃的建筑物。

三趾鹬海滨俱乐部
Siesta Key,1952~1953年

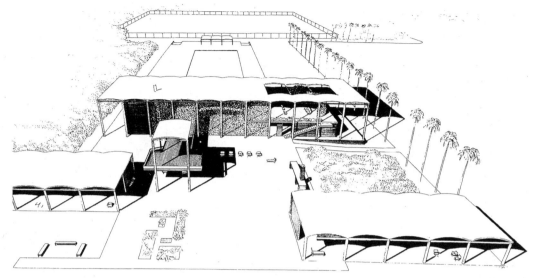

　　三趾鹬海滨俱乐部是鲁道夫设计的第一件建成的非居住建筑作品。正如从主体规划图中看到的那样，沿着海湾海岸线不公开的一条小径在1953年建造完工了一个海滨浴池和一个监督瞭望塔。早在1956年就已完成了两层高公共浴池的透视图，但是真正的建筑和这一复杂工程的收尾部分从未完工。空中透视图显示直线型的轴线与海岸线垂直，设计中公共娱乐功能已经组织好了，包括网球场、一个开放的游泳池区域和海滨浴池。横向的轴线与没有边界的水面连接在一起，为私密的海滨浴池营造了更为非正式的氛围。由于在设计的过程中一直在考虑经济方面的问题，所以俱乐部的结构是由典型的木框架修建的，除了房屋内部部分裸露的部分以外，在外面用柏木镶边。相互连接的拱顶结构将各个组成部分整合为一个整体。拱顶是由两层三合板组成的，其上覆盖着屋顶，在下面有四个标准部件，其中两个围绕着拱顶。不像在胡克住宅中的拱顶结构，三趾鹬海滨俱乐部独立的单元都涂有油漆，以抵御咸海风的侵蚀，并且有助于区分不同的建筑材料。顶棚涂成深蓝色，框架结构和屋顶的边缘是白色的。水平的柏木边缘呈中性的灰色。出于相似的色彩偏好，瞭望塔是由木材构成的，所以也被涂成了白色。每一个突出拱形部件都在拱顶上形成了很薄的弧度，木质格沿着顶端延伸，尽量少的遮挡光线进入室内。

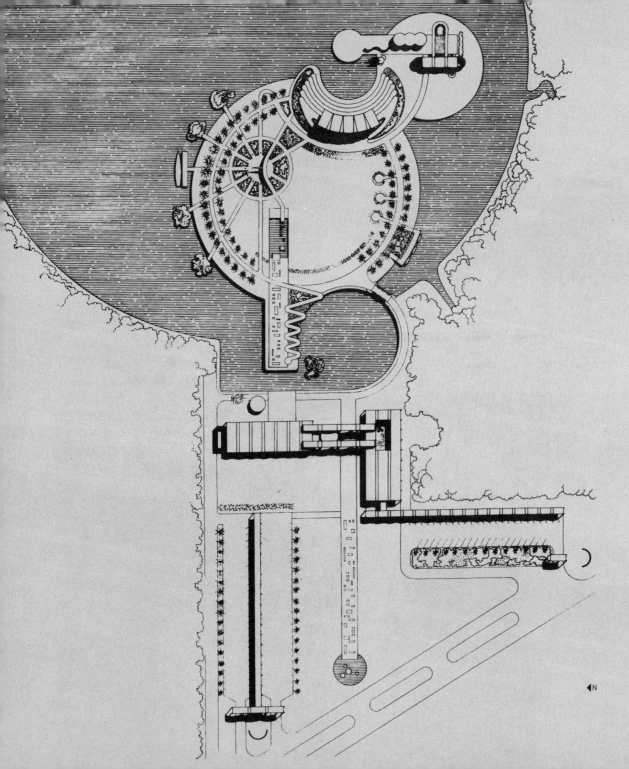

漂浮岛

李斯伯格，1952~1953年

在1952年的早期，赖特已经为该项目设计了一个不规则式的草图，该设计方案向岛屿边界外扩展了很多，并且进入了另一地区的边界。在赖特拒绝修改设计方案以使其适应当地的边界要求之后，有人推荐鲁道夫对该方案重新概念化，并负责位于佛罗里达州中心位置的李斯伯格附近公路、停车休息处和旅游景点等的规划方案。公路附近有一个高90英尺的塔，该塔由弯曲的三合板构成，其目的是为了吸引公路上的游客离开公路，进入由餐厅、花园展览和水下展览组成的综合性娱乐中心。这一位置围绕一系列漂浮的轴线建造，相交于圆形的地形、游泳池和礁湖，为相对平静的这一地区营造了动态的效果。除了划船和水下展览以外，公园主要的吸引力还来自于这里不同寻常的根茎植物和水下植物的展览，并以"漂浮岛"而出名。

在这里，鲁道夫第一次使用了圆形这种几何体，也许既参考了赖特在佛罗里达南方大学的圆屋顶，又参考了在同一时期完工位于塔拉哈西的乔治·刘易斯（George Lewis）住宅。尤其是赖特的刘易斯住宅，有一个半圆的游泳池，其水来自旁边一个天然喷泉。刘易斯住宅仿佛就是这一新设计方案的小原型。为了超越这种设计手法的源头作品，鲁道夫很快地将相似的拱顶结构层叠使用构成了新的结构形式，并在每一部分的轴线进行连接，这样做的效果是营造了原创的、但不是怪异的当地主题公园。为了提高公众的参与性，鲁道夫在公路和轴线周边的停车场、餐室和其他组成部分之间设计了不同的通道，这一片区域通向礁湖，礁湖正处于放射线的周围。在这一组成部分，有许多通向"漂浮岛"的停泊入口，还有可以航海到西尔弗斯普林的船只，后者是另一个当地的风景点。一个近似圆形竞技场的看台环绕在一个小型表演台的周围，在表演台里定期的会有滑雪、游泳和跳水等表演节目。

SAE 联谊俱乐部

迈阿密，1952 年

　　联谊俱乐部是专门为迈阿密大学设计的,一个天井将之分为两个分离的部分。呈线性的生活空间和休息空间位于正方形院落的周围,餐室和活动分会位于一个开放空间的角落,呈圆柱形状。鲁道夫将活动分会设计为"督伊德教活动室",通过垂直的按钮操作可以将外界的目光挡在室外,从而将可能在室内发生的事情隐藏起来。一系列固定的天窗上装有大块的玻璃,既可以为室内阻挡耀眼的阳光,又可以为室内阻挡酷热。三个相当典型的柱状结构由一个钢柱廊聚集在一起,上面还安装了光线反射设备系统,为内部结构增添了厚重感。

　　一个18英尺高的起居室充当主要的公共聚会场所,学生们可以从主要入口、图书馆、餐室和女舍监的房间很方便地到达这里。一层高的半圆形休息室始于主要的矩形空间,为从高处往下看提供了一个凹室作为观察点,这里还有壁炉底座和天桥通道。各个组成部分中最具动态效果之一的是游泳池,它沿着入口的轴线仿佛延伸到了餐室下方进入院落,其效果是既扮演了娱乐池的角色,又充当了一个纪念碑式的反射池。

塔斯汀·弗雷茨住宅

萨拉索塔，1954~1955 年

在这个为詹姆士·斯特劳德（James Stroud）设计的供投资用途的建筑项目中，鲁道夫将泡沫式的房地产建筑提升到了严肃的建筑界中。整个结构环绕着经过改良的钢钉车轮平面，在哈罗德·皮克特（Harold Pickett）三合板大梁之外有一个薄的结构框架。白色木质框架结构和填充其中的板材环绕着石灰石和玻璃组成的圆柱，部分由休息室封闭起来。威廉·瑞普（William Rupp）是该项目的合作者，掌管着项目工程的进程。他回忆说内部填实的墙和放置在里面的各部分被涂成了红色、黄色和蓝色，也许是为了与德斯太尔抽象派的建筑风格和本世纪早期在欧洲发展的色彩哲学相呼应。这一项目最终的透视图中显示出一个悬空的大平板从建筑物朝向街道和41号公路上过路的车辆方向向外延伸。

萨拉索塔——布兰登特机场

萨拉索塔，1955~1956年

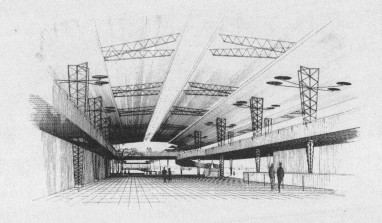

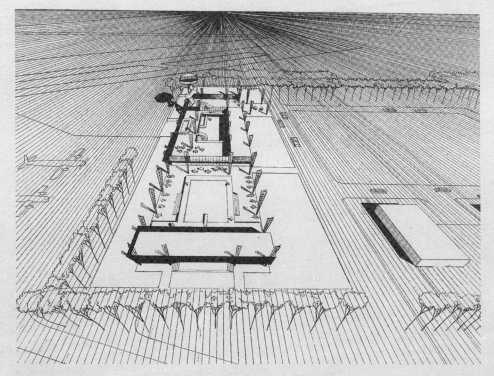

这一规模巨大的工程项目是在萨拉索塔和布兰登特地方航空当局商务会所之间的共同监督之下进行的，它支持着当地的旅游经济。鲁道夫在设计这个项目中使用了交通控制塔、24小时住宿、饮食设施和利于疲劳的旅客放松的大型游泳池。整个结构可以概括为长的、开放式的亭阁，之下是建筑的主体部分。容纳量很大的拱形屋顶是由一系列裸露的钢质梁腹结构支撑的，拱形屋顶静止在钢钉的结合处，形成了灵活的悬挂系统，不仅是位于终端的双层高的屋顶系统，还有突出的钢质灯光结构都包括在悬挂系统中。从鲁道夫的观点来看，这样的设计方案可以激发出飞行的轻盈性，和机场各个组成部分的精细构造。在主要的公众聚集场所，一个恢宏弯曲的楼梯从主层通往上面的观察平台，从上面可以看到通往机场的全景，包括机场、乘客和游泳池。这个项目被计划充当最早机场建筑的替代，但是甚至在考虑增加了的结构方案时，该项目的花费要远远超出委托方的预算，因此最终进行了重新设计和建造，这一过程鲁道夫没有再参与。

其他合作建筑师：埃利奥特·C·弗莱彻（Eliot C. Fletcher），约翰·M·匡威尔（John M. Crowell）

东纳特展台

坦帕，1956年

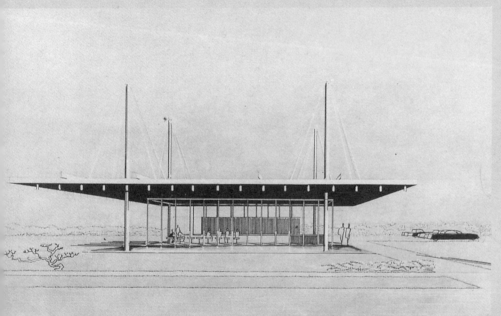

鲁道夫，还有赖特和密斯都相信，即便是美国普通生活中最平凡的方面都值得建筑师提供服务，例如快餐店和加油站等等。东纳特展台是为坦帕一群投资者设计的，其用途是作为建筑模型及作为路边商务市场的标志。鲁道夫从四个垂直钢质支撑杆上悬空建造了一个平坦的板，建造了一个真正意义上的漂浮屋顶，其下是一个规模很小的、用玻璃全封闭的内部空间。这件作品是在剑桥工作室中被设计出来的，与此同时完成的大瀑布城家庭式中心住宅设计，有着相似的开放式建筑概念和对建筑原材料的再使用。匆忙中提交的设计素描图提交给了委托人中的一部分，但是很快由于佣金的支付，这个方案被搁置了。正在这个时候，鲁道夫在马萨诸塞州的剑桥工作室开张了，主要展开位于韦尔斯利的朱厄特艺术中心的设计工作，之后是波士顿的蓝乘蓝庇护所项目，但是从这段时间以后许多佛罗里达的项目也都在这个附属工作室中进行处理了。

公共海滩扩展项目（Public Beach Development）

Siesta Key，1956 年

Siesta Key 在 20 世纪 50 年代的中期开始重新发展它的海滩公共区域和该区域的其他社区。为了吸引游客到这片伸展的沙地，鲁道夫想像在一个圆形池塘的周围设计四个高耸的由实心物体支撑的阳伞式结构。这一设计方案被认为是最少使用结构的代表，一个垂直的支撑体，却可以提供最大可能的阴凉地。沿着池塘南部边缘有一群服务性的建筑，包括一个观测平台，其南边正好面对着墨西哥海湾。这幅透视图是以从道路到海滩的汽车入口处为观测点绘制的，各个组成部分都由一对拱架作为外框。考虑到阳伞式结构在视觉上的动态效果和前方大小相当的池塘，这种设计方案中汽车的优越位置是不可否认的。正如漂浮岛那样，通过使用 90 英尺高的弯曲三合板塔，公共海滩上的阳伞式结构用在海滩边上享受充满娱乐的日子来吸引着乘坐汽车的人。

布兰姆兰特公司大厦（Blamlett Company Building）

迈阿密，1956年

这座建筑不像鲁道夫早期在佛罗里达的作品那样使用轻盈的框架结构，为这家专门生产厨房设备的公司设计的这座大厦十分关注结构的坚固性。在这里，他对厚重材料的大胆使用暗示了他和混凝土中含有的塑性之间的亲密关系，这种关系将主宰他后期的建筑事业生涯。临近阴暗处凹下去的入口门廊，一个纪念碑式的楼梯将游客引向了外部充满阳光的中层楼和可以俯视比斯开林荫大道的陈列室。在早期的作品如漂浮岛、萨拉索塔—布兰登特机场和公共海滩中这种弯曲的圆形造型十分明显，但是在这里全部如雕刻作品一样的楼梯被绘制成实体，沿着独立不需要支撑的、圆柱形封闭的电动梯蜿蜒向上延伸。这一扶梯将游客引导到一个长的观测平台上，在平台的上方，一个办公区悬向街道。一系列有条纹的混凝土柱子统治着大厦的正面，在柱子后面各个组成部分的复杂性中营造出一种有秩序的感觉。这个项目早期的一张透视图描述一系列轻巧的结构组成了拱廊，其上装有精致的与顶棚等高的遮光幕，相比最终建造中可以大规模的看到室内的情况要好。这个设计项目以及佛罗里达东海岸的一些项目几乎都是在剑桥工作室中被完成的。

圣卜尼法斯主教教堂（St.Boniface Episcopal Church）

Siesta Key, 1956年，设计草图

在著名的圣卜尼法斯主教教堂建筑项目，鲁道夫改善了建筑原材料的功用，建造了一个充满崇敬精神的场所。使用裸露的预制混凝土双T结构用来形成一个复杂的A型框架，这其中包括主要的礼拜空间、教区大堂、尖塔和供汽车驶出的天篷。外部开放的空间在两个主要建筑之间，用于非正式的聚会、练习教义和室外的一些礼拜活动。与自然在地理位置上的联系和对外界空间的利用是Siesta Key居民共同的兴趣，还可以与鲁道夫关于柯布西耶在Ronchamp的朝圣教堂的知识联系起来。

和谐的三角分离的裸露结构成为了这座建筑十分明显的外部特征。为了增加规模的因素，突出的混凝土边缘向上翻转，并冲外面裸露。在礼拜区域中平坦的顶棚下方面对着2英尺8英寸的绝缘体，并且红紫色带交错。一系列轻巧的小穹顶修建在中心走廊之上的结构部件上，这样就可以允许光线进入室内。该建筑前方和后部封闭的板材用混凝土瓷片作为装饰，并用与顶棚齐高的门来标明房间的入口。这个项目的建造过程是分阶段的，包括在后来增加了空调设备的安装。

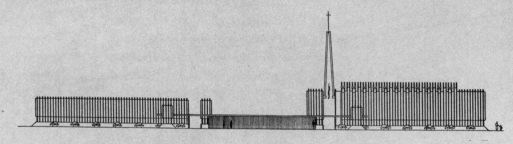

RIVERVIEW HIGH SCHOOL
SARASOTA
1957–1958

瑞翁中学

萨拉索塔，1957~1958 年

瑞翁中学是鲁道夫第一个在佛罗里达州完成的较重要的公共建筑项目。为了营造集中精力学习的环境,鲁道夫采用了注意力向内的庭院结构来增加郊区的密度,在开阔的田野中提供了都市化的生活环境。这座建筑是两层高的,围绕中心的公共空间建造,南北方向都由教室的墙封闭起来,西边用咖啡屋和图书馆的墙封闭,而东边是一个钢框架的柱廊,柱廊上还有遮阴凉的天篷。一个空中照明的体育馆和观众席位于院子的南部,两座单层的建筑物,包括行政管理办公楼和医疗诊所,沿着院子的西部边缘。只填充一面立砌砖墙的钢铁框架在鲁道夫佛罗里达州短暂的设计工作中并不很常见。垂直的细黑色框架想要用黑色来唤醒这一地区南部常见黄色松树所带来的黄色色调。对称地安排建筑结构,并且选择砖石和钢铁作为建筑的主要材料,这其实是对密斯在芝加哥作品的回忆,但是在这里因为其所在的特殊地理位置而作了特殊的调整。

正如鲁道夫在佛罗里达州大多数作品一样,这座建筑也认真安排结构和细节,以鼓励空气的运动和调节太阳光照的密度。一系列交错的预制混凝土天棚主导着教学楼的正立面,其目的是为了保护大型滑动玻璃门和大块可以活动的玻璃窗,以免其受到炙热阳光的直接照射。这种考虑了温度反映的设计方案在房间的内部空间也可以继续被看到,在屋顶上方有一系列能够得到通风的钢质玻璃监控器。考虑结构中每一个组成部分,半包围的内部空间可以谨慎地允许空气和阳光穿过交错的走廊进入到大楼里面。瑞翁高等学校的建成最主要的赞助者是菲利普·希斯,他是鲁道夫在佛罗里达州最热情的赞助者,当时他正好担任萨拉索塔中学董事会的主席。

SARASOTA HIGH SCHOOL

SARASOTA
1958–1960

萨拉索塔中学

萨拉索塔，1958~1960 年

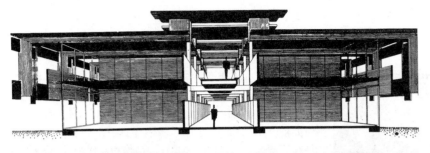

萨拉索塔中学的扩展项目是鲁道夫在佛罗里达州完成项目中拥有最高侧面的项目。在这个项目中，曾经在瑞翁中学中使用的注重细节的原料联结建筑手法被弃置不用，而是采用了粗线条的白色混凝土板，这种混凝土板结构能够在大楼的正立面上形成光影之间的有趣互动。与明亮的佛罗里达州的天空相对应，混凝土板能够在从远处看到这座大楼时的视觉印象和对温度的适应性改善之间达成一种平衡，这种对温度的适应性改善在大楼的每个组成部分都能够看得到。光影交错的空间结构布置也是专门为这座没有空调设备的综合性大楼主动设计的能够乘凉的计划。在所有学校的建筑过程中，排风系统的设计都是极为重要的。在这个项目中，为了达到一定的空气流量和在大楼中的空气量，鲁道夫将交错走廊上方的屋顶高度提升了，制造了一个隆起的开口。高高的屋顶紧系在梁上，用来支撑垂直的天棚，在天棚的后面是一个相当标准的混凝土框架，浅黄色的砖石搭建成的墙面填充在框架中，上面还有可以活动的窗户开口。柯布西耶在法国马塞的Unité d'Habitation住宅以及在La Tourette的多米尼加修道院被认为是该设计方案的灵感源泉，这种应用得当的设计方法很有意义地影响了耶鲁大学艺术和建筑大楼的设计发展。

如往常一样，在规划过程中对入口的通道进行了认真地安排。供汽车出入的通道与主楼的轴线垂直，入口朝向两层高的开放式大厅和功能不固定的步行通道。有一个便道指引人们走向朝向南纪念碑式的楼梯，该楼梯可以直接到达开放式大厅，从那里向西可以通往教室的走廊，向东可以通往礼堂。综合性大楼的西部边缘是餐厅和体育场，不过都距离大楼很远，它们在原有的红砖石建造的大楼附近。规则的结构开间和起伏的屋顶轮廓线努力将异质的组成部分整合成一个综合体。在这里使用了相对一致的天棚外形剖面，虽然有着不同的功能，但是其外形是相似的。重复使用模块是鲁道夫常用的建筑手法，这是因为它提供了在一个单一的、简单的图形基础上，对建筑进行无限扩展的手段。这一理念违反了早期欧洲现代主义的许多原则，后者鼓励承担不同功能结构组成部分在建筑的外观有不同的表达方式，但是现在的鲁道夫早已超越了他年轻时期对戒律的遵循，而是在自己的作品中为自我表达寻找合适的方向。

湖区游艇和乡村俱乐部（Lake Region Yacht and Country Club）

温特墨文，1960 年

在该项目的设计建造过程中，鲁道夫一直忙于佛罗里达州以外的建筑活动。许多设计和建造任务都是在他新近开张的纽黑文工作室完成的。该俱乐部是对耶鲁艺术和建筑大楼设计方案的一种回顾，在它的身上可以找到萨拉索塔高等学校中白色的混凝土框架结构和几何形状的天棚，但是其重复的外部立面缺少在以前作品中表现出来的动态和复杂的互动效果。这座建筑外观统一的立面上，由盒状的遮挡物进行装饰，这种建筑手法对于离外部框架结构很远居住的人们的生活披露很少，除了从混凝土入口门廊能够窥见一斑以外。

在许多方面这个项目都可以看作是先前佛罗里达作品的反例。重复的遮挡物只是静态地围绕着建筑物建造，与内部结构或阳光吸收装置没有特别的联系。与当地环境最有意义的回应就是安装了一块大玻璃正对着汉密尔顿湖。专为高尔夫球运动准备了厨房、餐厅、起居室和带锁的橱柜，另外还有一个宽阔的院子可以坐在里面观赏水面风景。在设计项目的题目中提到的游艇俱乐部在位于佛罗里达州中心位置的这片区域中并不存在，它内含在该项目名字中的意义是对互助合作关系的一种回应，这种合作关系的另一方是遍布全州的沿海岸线建造的游艇俱乐部。

保罗·鲁道夫,观点七 1961年

建筑师必定有其独特的思想,如果他对自己的工作确信无疑,那么他将完全服从于自己独特的视角。这就是每个人都只能看到自己的真理的原因。很少有人能够发现自己身上的这一特点。

建筑学院的各派学说形式了建筑学早期学说的基础。许多20世纪30年代末和40年代初的建筑师们,他们在某些特定的领域中已经根深蒂固地接受了一些经过分类的国际思想和观念。这一代人或许是幸运的,因为在那个时代,国际思想和观念是较为先进的,或者说是更容易被理解和接受的。

知识面的增长使得这一代建筑师中的许多人开始质疑以往的教条和信念,尤其是推崇使用机器设备的浪漫主义者们。这不仅仅因为机器设备十分有用,更是由于以往教条的概念局限性,使得他们经常在许多领域无能为力。国际思潮包含有多种建造法,且更注重环境的影响,并允许在一个建筑或建筑群中存在相异的风格。建筑师必须发掘自己的路线,因为到那时为止还没有就此达成普遍的认识,并且存在独特的问题和难以想像的各种可能性。在这场伟大的运动中,国际思想和观念成为惟一的武器。

独树一帜的建筑无论从位置上讲还是从象征意义上讲,都属于运动的一个过程。(在建造过程中尊重传统的学说能够掌握话语权吗?)建筑个体必须要与其周边环境、以后将要建造的临近建筑协调一致。变革是永远都会发生的,但是我们还不知道如何在传统和变革间达成平衡。变革的过程总是一个激发创造力的过程。

传统与变革之间的接近可能导致运动的谢幕,除非仍然存在对社会力量、偏见体系和时代精神的传递等诸方面的潜在认知。传统思想和变革思想的并存必然会导致建筑风格的不一致:既体现了建筑师前辈们的思想,又体现了当代建筑师的成就。建筑师甚至会在一个作品中表现出某个问题,而在另外的一个作品中表达另一个困惑。所有这些问题都是无法解决的,事实上这正是20世纪建筑界的典型特征,20世纪的建筑师精挑细选究竟哪些问题是他们想要解决的。例如密斯,他创作出令人惊叹的作品仅仅是因为他忽略了建筑的其他组成部分。如果他在建筑作品中试图解决更多的问题,那么其作品将不会拥有那么大的艺术力量。这一悖论更在实用主义者那里得到了提升。

我们信奉个人主义,从某种程度上讲是对20世纪日益增加的趋同性的反映,但更重要的是个人主义是当我们感受到庄严的新动力和其后蕴藏的各种可能性时的一种驱动。有很多的未知领域需要我们去探求,有很多新的问题需要我们去解决,这是因为在这个深奥复杂的变迁时代将会形成一个普遍的观念(每个评论家都在祈祷上帝能够让我们对此有所感悟)。

时代的精神通过其艺术作品去表现,这种表现方法越优越,也就越能表现出时代的本质,但是没有人能够确定哪些时代具备有效性。

合作者名单

目录文献

图片致谢

合作者名单

伯特·布朗史密斯（Bert Brosmith）

威廉·迪卡斯（William Dicossi）

罗伯特·欧内斯特（Robert Ernest）

约瑟夫·法雷尔（Joseph Farrell）

怀尔德·格林（Wilder Green）

威廉姆·格兰德英（William Grendering）

马克·汉普顿（Mark Hampton）

杰克·杰顿（Jack Jetton）

珍·利迪（Gene Leedy）

威廉·摩根（William Morgan）

威廉·瑞普（William Rupp）

德·斯卡特（Der Scutt）

赛伯特·E·J·蒂姆（E.J."Tim" Seibert）

詹姆斯·斯达伯（James Strubb）

珍·汤普森（Gene Thompson）

杰克·韦斯特（Jack West）

参考文献
按照出版日期排序

1934年　科里·福特"都是依靠我自己的双手。"更好的家园和花园（1934年11月）：13-15页，68页

1941年　菲利普·汉森·希斯。巴厘岛。纽约：杜尔，斯隆，皮尔斯。1941年

1947年　"进展中的工作：海滩住宅。"建筑论坛（1947年4月）：92-93页（德曼住宅）
"德曼住宅。"萨拉索塔论坛（1947年5月4日）
"东南部的小型住宅是为潮热的气候而设计的，用混凝土墙体来建造。"建筑论坛（1947年12月）85-89页（A·哈卡为住宅）。

1948年　"精致和开放性是佛罗里达州新型住宅建筑的标志。"建筑论坛（1948年4月）：108-109页。（特威切尔住宅）。
"船屋：特威切尔和鲁道夫的建筑作品。"艺术和建筑（1948年8月）：43-45页。（米勒船屋）。
"佛罗里达州的住宅。"建筑论坛（1948年7月）：97-193页。也即"里维尔学院广告"134页。（米勒住宅）。
"佛罗里达州混凝土住宅是能够解决当地建造问题的八个住宅模式之一。"建筑论坛（1948年10月）：106-108页。（兰蒙里斯克住宅）。
"兰蒙里斯克钢铁住宅形式。"建筑论坛（1948年10月）：109-111页。
"佛罗里达州的住宅。"艺术和建筑（1948年10月）：32-34页。（舒特住宅）。
保罗·鲁道夫。"里维尔住宅群。"建筑论坛（1948年12月）：28页。

1949年　"摄影师、学生学习的场所。"萨拉索塔公开论坛（1949年5月13日）。
"住宅：萨拉索塔，佛罗里达。"前进中的建筑（1949年6月）：69页。（米勒住宅）。
"佛罗里达州的住宅。"建筑评论（1949年6月）：287-290页。（里维尔住宅）。
Schroeder,Francis de N."一年的工作。"内部刊物（1949年8月）：90页。（里维尔住宅）。
"四座1948年的住宅。"住宅和花园（1949年8月）：76-77页，81-82页。（里维尔住宅）。
"设计方案中的儿童。"住宅和花园（1949年12月）：144-149页。（拉塞尔住宅）。

1950年　"沃尔特·格罗皮乌斯——一种理念的扩散。"L'Architecture d'aujourd'hui保罗·鲁道夫编辑的特刊（1950年2月28日）。
"佛罗里达州度假期间的高原，水湾和住宅。"室内设计（1950年1月）：104-109页。（芬妮住宅）。
"为了快乐的生活和五个孩子。"建筑实录（1950年1月）：封面，76-83页。（拉塞尔住宅）。
"量身定做的住宅。"建筑论坛（1950年4月）：167-171页。（迪德斯住宅）。
"Maisons En Floride"Architecture d'aujourd'hui（1950年8月）：55-67页。（米勒住宅、芬妮住宅、拉塞尔住宅、赛格瑞斯特住宅和里维尔住宅）。
"围绕罗宾的批评，四座住宅建筑。"前进中的建筑（1950年8月）：65-69页。（德曼住宅）。

1951年　玛丽·戴维斯·杰列斯（Mary Davis Gillies）关于现代住宅麦肯的书。纽约：西蒙和斯查斯特，1951年，80-83页。（米勒住宅）。
"给商业住宅建筑师的12个建议。"建筑论坛（1951年1月）：112-113页，122-123页。（iegrist住宅和里维尔住宅）。
"佛罗里达州的住宅。"艺术和建筑（1951年1月）：24-25页。（利汶固德住宅）。
"Siesta Key下垂的顶棚。"室内设计（1951年1月）：94-101页。（希利住宅）。
"蚕茧小屋。"建筑论坛（1951年6月）：156-159页。（希利住宅）。
"二层楼上的一楼房间。"建筑论坛（1951年8月）：186-189页。（利汶固德住宅）。

1952年　亨利·拉塞尔·希契科克和亚瑟·丹斯勒。美国建造：战后的建筑。编辑，亨利·拉塞尔·希契科克和亚瑟·丹科斯勒。纽约：西蒙和斯查斯特，1952年。
"前进中的建筑：952住宅群。"前进中的建筑（1952年1月）：63页。（里维尔住宅）。
"游泳池。"前进中的建筑（1952年2月）：80-82页。（奇塔姆（Cheatham）游泳池扩建部分）。
"1952年的优秀设计：保罗·鲁道夫的设计引起了轰动。"建筑实录（1952年3月）：26页。
奥尔加·杰福特"明暗对照处理的优秀设计。保罗·鲁道夫设计了市场的第三个站牌。"室内设计（1952年3月）：130-137页，186-190页。
"优秀的展牌设计：保罗·鲁道夫。"艺术和建筑（1952年5月）：16-19页。
"三个新方向：鲁道夫、约翰逊和富勒。"耶鲁建筑周刊：观察一（1952年夏季）。
"使用塑料屋顶的住宅。"前进中的建筑（1952年7月）：103-105页。（韦尔

兰住宅)。
盖伊·G·罗森斯坦"乙烯基材料的扩散使用。"前进中的建筑（1952年7月）：99页。
"这座住宅有一个很简单的可以引退的设计方案。"住宅和花园（1952年8月）：44-47页。(Haskins住宅)。
"主人的防卫：一个友好的阴谋设计方案。"住宅和花园（1952年9月）：80-85页。(曼赫勒曼住宅)。

1953年
"1953年的设计和技术。"前进中的建筑（1953年1月）：72页。(沃尔克住宅)。
"战后住宅的质量和意义。"住宅和家庭（1953年2月）：123，126页。(希利住宅)。
"鲁道夫和屋顶。"住宅和家庭（1953年6月）：140-145页。(涉及到多种设计方案)。
"在墨西哥海湾的亭阁生活。"住宅和家庭（1953年6月）：76-77页，154-155页。(科沃德住宅)。
"为正式仪式设计的正式建筑：迈阿密大学的联谊俱乐部。"建筑论坛（1953年8月）：117-119页。
"为佛罗里达州设计的住宅。"艺术和建筑（1953年10月）：20-21页。(伞屋)。
"Maisons Au Bord De L'eau" Architecture d'aujourd'hui（1953年10月）：64-67页。(胡克住宅)。
"三趾鹬海滩俱乐部。"建筑实录（1953年10月）：150-155页。
"海湾州议会对地方主义的关注。"建筑实录（1953年11月）。

1954年
西格弗里德·吉迪恩(Sigfried Giedion)沃尔特·格罗皮乌斯。纽约：莱因霍尔德，1954年重印版本，纽约：多佛 1992年
"1954年P/A年度设计调查：娱乐。"前进中的建筑（1954年1月）：117页。(漂浮岛)。
"佛罗里达游客景点中的巴洛克建筑形式。"室内设计（1954年1月）：74-79页。(漂浮岛)。
保罗·鲁道夫。"细部存在扰动和矛盾的庄严的空间。"建筑论坛（1954年4月）：132-134页。
"怎样应对美国潮热的夏季建造凉爽的住宅。"住宅和家庭（1954年7月）：101-105页。(伞屋)。
玛丽·戴维斯·杰列斯(Mary Davis Gillies)。"向室外全部开放".麦肯（1954年7月）：36-37页。(沃尔克住宅)。
保罗·鲁道夫。"建筑哲学的变化。"1954年在A.I.A大会上的讲演，发表于美国建筑家协会杂志（1954年8月）。
"保罗·鲁道夫设计的住宅。"艺术和建筑（1954年9月）：14-15页。(科恩住宅)。
"佛罗里达州住宅设计的趋势。"佛罗里达州的建筑师们：佛罗里达建筑杂志（1954年10月）。

1955年
保罗·鲁道夫。"现代主义建筑的方向。"萨拉索塔观察（1955年）。
"地方主义和南方。"摘录于1953年海湾州地方议会。A.I.A周刊（1955年4月）：179页。
"第一个设计奖：住宅、Siesta Key和佛罗里达州。"前进中的建筑（1955年1月）：65-67页。(科恩住宅)。
"预制纸很结实、容易安装，而且造价很低。"住宅和家庭（1955年1月）：144-147页。(威尔逊住宅)。
"人类的家庭，保罗·鲁道夫在博物馆对现代艺术的展示。"室内设计（1955年4月）：114-117页。
"在佛罗里达州的居住。"Architecture d'aujourd'hui（1955年10月）：30-31页，33页。(伞屋、威尔逊住宅、科恩住宅和诺特住宅)。

1956年
"开阔的规划，预制活动房屋割断了佛罗里达海岸线：萨拉索塔科恩的住宅。"建筑实录（1956年5月中期）：175-179页。
"第二群美国大使馆建筑。"建筑实录（1956年6月）：164-165页。(美国驻约旦安曼大使馆)。
保罗·鲁道夫。"建筑形式的六个决定因素。"建筑实录（1956年10月）：183-190页。
"拱顶式的屋顶，南部的四个门廊。"建筑实录（1956年10月）：177-181页。(戴维森住宅)。

1957年
保罗·鲁道夫。"建筑中的地方主义。"耶鲁建筑周刊：观察四（1957年）
"保罗·鲁道夫当前的工作。"建筑实录（1957年2月）：172-175页。
"Genetrix：对美国建筑个人的贡献。"建筑评论（1957年5月）：380页。
"佛罗里达州的住宅。"艺术和建筑（1957年9月）：14-15页。(诺特住宅)。
"保罗·鲁道夫。"Architecture d'aujourd'hui（1957年9月）：88-95页（一些佛罗里达住宅项目)。
"住宅基础的变数。"艺术和建筑（1957年9月）：18-19页。(斯特劳德住宅和博伊德特别住宅)。

1958年
"小块地上的天井式住宅。"住宅和家庭（1958年2月）：112-115页。(泰勒住宅)。
"八座住宅的设计和按照预算进行建造。"建筑实录（1958年9月）：187-189

页。(泰勒住宅)。

保罗·鲁道夫。"处于青春期的建筑。"建筑论坛（1958年9月）：177页。

1959年
"萨拉索塔的新学校：经济和想像力的完美结合。"建筑实录（1959年2月）。

"敢于冒进的学校董事会。"建筑论坛（1959年2月）：78-81页。

"萨拉索塔高等学校。"建筑实录（1959年3月）：189-194页。

"松树林中的钢铁框架。"建筑论坛（1959年4月）：112-117页。(瑞翁高等学校)。

"混凝土浇铸的简易浴池。"建筑论坛（1959年5月）：122-127页。(迪灵住宅)。

"五层结构为空间制造了动态的顺序。"建筑实录（1959年5月中期）：76-79页。(迪灵住宅)。

"1959年住宅风俗的获胜者可以得到Better Living奖。"住宅和家庭（1959年6月）：124-125页。(M·哈卡维住宅)。

1960年
彼得·布莱克（Peter Blake）。高明的建造者。纽约：诺顿公司（W.W.Norton），1960年

"设计能够控制佛罗里达气候的学校。"建筑实录（1960年3月）：198-202页。(萨拉索塔高等学校)。

菲利普·约翰逊（Philip Johnson）。"三个建筑学家。"美国艺术（1960年春季）：70-73页。

"阳光下的学院。"建筑论坛（1960年5月）：94-101页

"从混凝土浇铸的板块：很少设计美观有肃穆气氛的建筑。"住宅和花园（1960年6月）：68-73页。(迪灵住宅)。

亨利·A·米隆（Henry A.Millon）。"处在十字路口的鲁道夫。"建筑设计（1960年11月）：497-498页。

1961年
沃尔特·麦肯奎德（Walter Mcquade）。"探索中的规划。"耶鲁建筑周刊：观察七（1961年）

保罗·鲁道夫。"保罗·鲁道夫。"耶鲁建筑周刊：观察七（1961年）

"鲁道夫四个正在进行的项目。"建筑实录（1960年3月）：139-141页。(米兰姆住宅)。

彼特·柯林斯（Peter Collins）。"保罗·鲁道夫将往何处去。"前进中的建筑（1961年8月）：130-131页。

1962年
"建筑话题——与保罗·鲁道夫的交谈。"建筑实录（1962年1月）。

"当代高贵气质的体现：坦帕的住宅。"建筑实录（1962年5月中期）：63-65页。(李哥特住宅)。

"游艇和乡村俱乐部。"前进中的建筑（1962年6月）：124-127页。

"保罗·鲁道夫在建的六座新住宅。"建筑实录（1962年11月）：123-125页，129-131页。(戴斯勒住宅、米兰姆住宅和伯斯特维克住宅)。

1963年
及以后
"家中的宁静。"住宅和花园（1963年1月）：62-63页。(伯克哈德特住宅)。

"以混凝土板作为框架的住宅。"建筑实录（1963年5月中期）：70-73页。(米兰姆住宅)。

马克·W·福斯特（Mark W.Foster）和托伯特·R·威廉（Torbert R.William）。"一个隐居的匿名好战自我主义者。"耶鲁新闻（1964年5月9日）：12页。

"英特瑞玛展览会被认为是大规模城市设计的试验。"建筑实录（1967年3月）：40页。

斯比利·莫霍·叶碲(Sibyl Moholy-Nagy)、杰拉尔德·施瓦布（Gerald Schwab）和保罗·鲁道夫。保罗·鲁道夫的建筑。由玛瑞亚·克罗尔（Maria Kroll）。纽约：布瑞格（Praeger）出版公司。1970年。

斯佰德（Spade）、鲁珀特（Rupert）和（Yukio Futagawa）。保罗·鲁道夫。纽约：西蒙和斯查斯特，1971年。

库克（Cook）、约翰·韦斯利（John Wesley）和海恩瑞·克劳兹（Heinrich Klotz）。与建筑师们的对话。纽约：布瑞格（Praeger）出版公司，1973年。

保罗·鲁道夫。"男校友日的演讲：耶鲁建筑学院，1958年2月。"反对者们#4（1974年8月）：141-143页。

罗伯特·斯特恩（Robert Stern）。"耶鲁：1950-1965年。"反对者们#4（1974年8月）：35-64页。

保罗·鲁道夫。"建筑中不可思议的事情"A+U建筑和城市主义，保罗·鲁道夫编辑的80-100期，1946-1974年（1977年）。

保罗·M·鲁道夫。保罗·鲁道夫建筑素描图。(Yukio Futagawa)编辑。纽约：建筑书籍出版公司，1981年。

迈克尔·麦肯东纳夫（Michael McDonough）。"萨拉索塔的四位建筑师。"打字稿，收藏于萨拉索塔国家历史资料室，1985年。

坦弗·埃德加（Tafel Edgar）。与弗兰克·劳埃德·赖特一起的岁月：从学徒到天才。再版：米尼奥拉，纽约：多弗出版社，1985年。

迈克尔·麦肯东纳夫（Michael McDonough）。"保罗·鲁道夫早期作品中的海滩住宅。"M.Arch，论文，弗吉尼亚，1986年。

查尔斯·R·史密斯（Charles R. Smith）保罗·鲁道夫和路易斯·康：一个目录。Metuchen NJ：稻草人出版公司，1987年。

杰克·韦斯特（Jack West）。一名建筑师的生活。萨拉索塔：坊伍出版社，1988年。

罗纳德·G·坦毕（Ronald G.Trebbi）。"海湾沿线地区的建筑：对萨拉索塔

学校的再次参观。"M.Arch，论文，佛罗里达，1988年。

罗伯特·布瑞戈班（Robert Breugmann）、施密特茨（Schmertz）、米尔德里德（Mildred）、贝灵瑞（Beylerian）和乔治（George）。"设计和细节。"由斯蒂尔凯斯设计合伙人公司发起的编目展览。纽约：1989年。

威廉·S·宋德斯（William S, Saunders）现代主义建筑：以斯拉·斯托勒（Ezra Stoller）摄影。由以斯拉·斯托勒提供图片的注释。纽约：阿卜拉姆斯·N·韩瑞出版，1990年。

雷金纳德·格罗皮乌斯·艾萨克斯（Reginald Gropius Isaacs）：包豪斯缔造者的一个解释性的传记。波士顿：布尔芬奇出版社，1991年。

帕蒂·舟·S·赖斯（Patty Jo S.Rice）。"用棍、石头和阳光解释情绪：拉尔夫·斯宾塞·特威切尔（Ralph Spencer Twitchell）的生活和建筑。"南佛里达大学，美国研究，艺术硕士，1992年。

乔治·M·鲁尔（George M.Luer）。"美洲蒲葵小径"佛罗里达人类学家。第45卷第3册（1992年12月）。萨拉索塔国家历史资料室收藏。（拉塞尔住宅）

阿尔文·戎森伯姆（Alvin Rosenbaum）。Usonia：弗兰克·劳埃德·赖特在美国的设计。华盛顿特区：保存出版社，1993年。

罗伯特·布汝格曼（Robert Bruegmann）。"与保罗·鲁道夫的会面。"手抄本。芝加哥：芝加哥艺术学院，1993年。

彼得·布莱克（Peter Blake）。不存在乌托邦式的区域。纽约：阿尔弗雷德·A·诺普夫（Alfred A. Knopf）公司，1993年。

约翰·豪威（John Howey）。萨拉索塔学校的建筑：1941-1966年。剑桥，MA：麻省理工学院出版社，1995年。

爱德华·R·福特（Edward R.Ford）。现代主义建筑的细部：1928~1998年。剑桥，MA：麻省理工学院出版社，1996年。

库尔特·W·福斯特（Forster W. Kurt）。"保罗·鲁道夫短暂的声誉和长久的生命力：一个简洁的论文集。"ANY，第21册（1997年）：13-15页。

圣约瑟·吉万纳尼尼（Joseph Giovannini）。"如果真的有天堂，我们将会期待着改变。"纽约时代周刊（1997年8月14日）。

赫伯特·马歇尔查姆普（Herbert Muschamp）。"保罗·鲁道夫在78岁时去世：60年代的现代主义建筑大师。"纽约时代（1997年12月8日）。

迈克尔·苏肯（Michael Sorkin）。"保罗·鲁道夫：一个个人的鉴定。"建筑纪实（1997年12月）。

蒂莫·茹韩（Tim Rohan）。"海湾俱乐部。"壁纸（1998年5、6月合订本）：61-66页。

迈克尔·麦肯东纳夫（Michael McDonough）。"出售萨拉索塔：20世纪20年代新兴城市中的建筑和宣传。"装饰和宣传艺术杂志23期（1998年）。

芒克（Monk）和托尼（Tony）。保罗·鲁道夫的艺术和建筑。伦敦：未勒学院，1999年。

斯托勒（Stoller）、以斯拉（Ezra）和菲利普·诺贝尔（Philip Nobel）。耶鲁艺术和建筑大楼。纽约：普林斯顿建筑出版社，1999年。

埃里克·芒福德（Eric Mumford）。CIAM关于城市主义的讨论：1928~1960年。剑桥，MA：麻省理工学院出版社，2000年。

图片致谢

Wayne Andrews © Esto: 29

courtesy Bobby Bennett: 95

William Burnell (courtesy Sarasota County Historical Resources): 41b, 43t

courtesy James Deen: 32

Eric Dusenbery / Dimensions Photography: 94

courtesy Mary Gallant: 103r

courtesy John Howey: 34, 36l

courtesy Library of Congress: 21t, 21b, 26, 36r, 44, 49, 61l, 61r, 62, 64t, 64b, 65l, 66t, 66bl, 72, 73, 74, 75t, 75b, 76, 77tl, 79b, 82, 83t, 83b, 87, 89t, 89b, 90l, 92r, 97t, 98r, 99, 101b, 103l, 105l, 106t, 110l, 110r, 111t, 111b, 112t, 112b, 113, 114, 115t, 127, 128, 130, 134, 138, 141t, 141b, 152, 153r, 155, 159t, 159b, 160, 162r, 162tl, 162bl, 163, 166, 167, 168, 169, 170, 171t, 171b, 172, 173, 174, 175tr, 175tl, 175b, 179, 180t, 180b, 181t, 181b, 182, 183, 186, 193t, 195tr, 195br, 200, 203t, 203b, 204, 207t, 207b, 209r, 210, 211, 214, 218, 219, 222, 223, 226, 227r, 228, 230r, 230l, 231t, 231b, 236

Joseph Molitor / Avery Library, Columbia University: 208, 209l

Rodney McCay Morgan (courtesy Sarasota County Historical Resources): 43b

courtesy Joseph Petrone: 101t

courtesy Sarasota County Historical Resources: 39, 40, 41t, 42, 45b, 79t, 176t, 176b

courtesy Dorothy Shute: 68t

G. E. Kidder Smith / Corbis: 27t

Joseph Steinmetz (courtesy Sarasota County Historical Resources): 30, 45t, 58, 59r, 97m, 216, 217t, 217b

Ezra Stoller © Esto: 14, 27b, 28, 29, 48, 63tr, 63br, 65r, 67, 70, 71tr, 71br, 77bl, 77r, 78, 80, 81, 84, 85l, 86, 88, 90tr, 90br, 91, 92l, 93, 98l, 100, 104, 106b, 107l, 107tr, 108, 109l, 109r, 116, 117b, 118, 126, 129, 132, 133, 137, 142, 144t, 144b, 145l, 145r, 146, 147, 153l, 154r, 154l, 156, 157t, 158, 177, 178, 161, 184, 185tr, 185br, 185l, 187, 188, 189, 190, 191, 192, 193b, 194, 195l, 196, 197, 198, 199, 202, 205, 206, 220, 225, 232, 233, 234, 235b, 240

courtesy University of Florida, Architecture Slide Library: 136

FROM

Architectural Forum: 59tl, 59bl, 60l, 60r, 66br, 85r, 214, 224
Architectural Record: 69, 71l, 201t, 201br, 201bl, 227l, 229
A+U (Architecture and Urbanism): 221, 235t
Arts and Architecture: 68b, 105r, 107br, 164, 165r, 165tl, 165bl
Hiss, Philip Hanson. *Bali.* New York: Duell, Sloan and Pearce, 1941: 135t, 135b
House & Garden: 117t
Interiors: 96, 97b
Perspecta: 119t, 119bl, 119bm, 119br, 123, 237
Progressive Architecture: 63l, 102l, 102r, 115b, 157br, 157bl